農業基本法
2.0から3.0へ

食料、農業、農村の多面的価値の実現に向けて

玉 真之介
Shinnosuke Tama

草苅 仁 編
Hitoshi Kusakari

木村 崇之
Takayuki Kimura

筑波書房

はじめに

1．本書の刊行に至る経緯

　本書は行政とアカデミアとの連携を深める目的で，2016年から日本農業経済学会（以下，学会という）に常置された連携委員会のメンバーを中心に編さんされたものである。その活動については「あとがき」に詳しく紹介されているのでそちらに譲るが，この間，連携委員会が一貫して取り組んできたテーマは農業の基本法制についての検証であった。その後，最近の農業を取り巻く世界的な情勢の変化を受けて，日本政府・与党も現行基本法の検証作業を開始したため，連携委員会としては，この期を捉えて活動の成果を取りまとめることにした。編者である玉真之介会員が中心となって，学会から各分野のエキスパートにも参画してもらう形で強力な執筆陣を組織し，このたび本書の刊行が実現した。刊行に当たり筑波書房の鶴見治彦氏には多大なご協力をいただいた。記して感謝したい。

2．基本法3.0に向けた問題提起

　以下では，基本法1.0と2.0の実績をふまえた本論への橋渡しという意味で，基本法3.0に向けた問題提起として私見を述べる。

1）農業の基本法制と食料安全保障

　ロシアによるウクライナ侵攻は各国が食料安全保障の問題を再認識する契機となったが，食料安全保障の指標のひとつである日本の食料自給率は低下し続けている。農業の基本法制において，供給サイドの要因を重視する一方で，需要サイドの要因を軽視してきたというバイアスが，食料自給率の低下に関与しているのではないだろうか。

　高度成長期の1961年に制定された「農業基本法」（基本法1.0）は，「自立経営の育成と協業の助長」による生産性の向上と流通の合理化によって，農

工間所得格差の是正を目指すという生産者または供給重視の国内政策に主眼が置かれた。しかしながら，農地法との矛盾が露呈し，政治の思惑から，農工間所得格差を米価支持という対症療法で是正したため，本来の目的であった生産性の向上による構造改革（構造改善）が実現できなかったことはよく知られている。

このとき日本の家計では，家計所得の増加によって畜産物の消費量が増加し，「食生活の洋風化」（コメの減少，パン，畜産物，油脂類の増加）が進展したが，米価を支持した影響で米作の転換が遅れ，需要と供給のミス・マッチを解消できないまま，需給ギャップを輸入で手当てしたために食料自給率は低下した。

日本は自国農業の競争力を「価格劣位・品質優位」として捉え，価格劣位の部分さえ保護政策で補えば，消費者は品質で優る国産農産物を購入するはずであるという楽観的な期待の下で，国内農業は需要を維持できるという考え方が基本になってきた。こうした考え方は「商品の販路を創造するのは生産である」という古典派経済学のセイ法則を想起させる。セイ法則は，現実から乖離した供給重視の理念型である。

それでは現行基本法である1999年制定の「食料・農業・農村基本法」（基本法2.0）はどうか。現行基本法は食料の安定供給について「国内農業生産の増大を図ることを基本とし」，施策を機動的に実現するための「食料・農業・農村基本計画」において「食料自給率の目標は，その向上を図ることを旨とし」ている。すなわち，政府は食料自給率を食料安全保障の指標と位置づけて，自給率の向上を目指すことが基本であることを明確に示した。

さらに，かつての農業基本法が供給重視に傾斜したことの反省から，食料の安全性や消費者の合理的選択を担保するために「食料消費に関する施策の充実」を謳い，食料の安全性の確保と品質の改善，食品の衛生および品質管理の高度化，食品表示の適正化，健全な食生活に関する指針の策定とともに，食料消費に関する知識の普及や情報の提供などを消費者行政に関わる施策として掲げた。こうした基本法の転換によって食料自給率は上昇に転じたかと

いうと，実際にはさらに低下した。

　日本の高度経済成長は，1970年代前半と後半の2度に渡るオイルショックと為替の円高で完全に終焉を迎えたが，家事の多くを女性に依存してきた日本の社会では，高度成長期に増加していた専業主婦が，その終焉とともに減少に転じ，共働き世帯が増加して今日に至っている。非正規雇用の割合が増加した今日においても，共働きの主な理由は生活防衛のためであるが，同時に時間的な余裕も無くなったことで，家庭で調理して食べる内食（ないしょく）が減少し，家庭外で調理されたそうざいや冷凍食品などを利用する中食（なかしょく）と外食が増加する「食生活の外部化」が進んだ。

　その一方で，内食，中食，外食のそれぞれに使われる食材が輸入農産物に依存する割合は，外食＞中食＞内食の順なので，「食生活の外部化」が進むと，自動的に食料自給率は低下せざるを得なくなり，実際に低下し続けた[1]。経済成長率が鈍化して生活を防衛せざるを得なくなった家計が共働きに転換し，その結果，食生活の外部化が進展することは消費者の合理的な選択による必然的な帰結である。したがって，食料自給率の向上を目指し，食料の安全性や消費者の合理的選択を担保するために「食料消費に関する施策の充実」を謳った基本法は，施策の充実として明記した消費者の合理的選択によって食料自給率をさらに低下させるという皮肉な結果を招いた[2]。消費者の生活実態に沿った食料自給率の向上策は，食品・外食産業が食材として利用する国産農産物の割合を増加させることであるが，こうした方向に施策は向かわなかった。

　さらに，「食料消費に関する知識の普及や情報の提供」はどうか。専業主婦が増加から減少に転じ，食生活の外部化が進展して内食の割合が減少し続けた結果，家計が有する調理技術のレベルは確実に低下した。これは一方で

（1）草苅仁（2011）「食料消費の現代的課題―家計と農業の連携可能性を探る―」『農業経済研究』83（3）。
（2）市場開放とグローバル化で食料の生産地と消費地の物理的・時間的距離が延伸することへの対処などが主な施策の充実であった。

過剰除去，直接廃棄，食べ残しなど家庭由来の食品ロスの増加に結びつくと同時に，食材に対する知識の減少や関心の希薄化をもたらした⁽³⁾。

食料自給率の低下要因として，高度成長期とその後に進んだ農用地の転用やかい廃，若年労働力を中心とした農村から都市部への大量の労働移動など，農業生産資源の減少や農産物の市場開放が進展した影響などを否定するつもりはないが，これまでの基本法では国民の生活実態を反映した需要サイドの要因が軽視され続けてきたことが，本来の目的である自給率の向上をより困難にしてきた⁽⁴⁾。

2) 食料自給率と食料自給力

現行基本法では食料自給率を食料安全保障の指標とみなし，基本計画に目標値を掲げて自給率の向上を目指すことになったが，「有事に有効なのは食料自給率と食料自給力のどちらか」という議論が繰り返された結果，2015年の基本計画に食料自給力が導入されて，毎年公表されることになった。

食料自給力とは現有の農地や農業者などの農業生産資源と農業技術をフルに活用することで生産可能な食料の供給熱量を示す指標であり，「食料安全保障の観点からは，基礎的な指標である熱量について，国民生活の安定及び国民経済の円滑な運営に著しい支障を生じさせないために必要な量の供給が基本となる」として，最近では「米・小麦中心」と「いも類中心」の2つの作付パターンから食料自給力を推計しているが，結局，1人1日当たりエネルギー必要量（2,100キロ台後半のカロリー）を確保できるのはいも類中心

（3）わかりいやすい例として、高度成長期に一般的な小売形態であった八百屋や肉屋などによる対面販売は、食材とその調理法をセットで販売しており、ごく短時間のやり取りで消費者も意味を理解してそのとおりに調理できるという高い技術を有していた。

（4）国境措置が単純な関税（ただし、セーフガード付き）の牛肉は自給率が38％程度まで減少したが、肉用牛の業界が和牛肉の格付けによる高価格維持を優先していることも影響している。一方、関税割当適用品目は自由化の影響が軽微にとどまっている。

の作付けパターンだけなので，必要カロリーの大半をいも類から摂取する食事を続けることが，達成可能な自給力の内容であるとしている。

　食料自給力が導入される経緯となった「有事に有効なのは食料自給率と食料自給力のどちらか」という議論も生産的とは思えないが，食料自給力としていも類中心のメニューを提示することの意味もよくわからない。これが「国民生活の安定及び国民経済の円滑な運営に著しい支障を生じさせない」食事であり，食料安全保障の実体であると考えているとすれば，それで国民は納得するだろうか。そもそも食料安全保障という概念は公共財であり，国民の合意に基づかなければ意味がない。有事に現状と同様のメニューで必要なカロリーを摂取することが不可能であるのは当たり前であるとしても，国民が許容可能な最低限の食事メニューを合意した上で，そのために必要な農業生産資源と農業技術のセットや備蓄量を推計して有事に備えることが，本来の食料安全保障ではないだろうか。

3）環境・資源・倫理対策と多面的価値

　地球温暖化による異常気象の頻発は食料安全保障にとって大きな脅威であり，食料安全保障が持続可能であるためには，環境・資源・倫理対策は不可欠である。EUは従来からCAPに環境対策を取り入れてきたが，「欧州グリーンディール」（2019）と「Farm to Fork」（2020）で施策の内容を明確化した。「競争力と持続可能性の両立」という目標のひとつにも現れているが，従来は無視してきた外部費用を内部化した競争力を標準化することで，米国や豪州など新大陸型農業が有する優位性に対抗可能な素地ができる。その日本版が「みどりの食料システム戦略」（2021）であり，具体策として有機農業の拡大（2050年までに耕地面積の25％を占める100万ha）や地産地消の推進と国産農林水産物の消費拡大などを挙げた。

　上記のプロセスで生産された農産物には，従来は外部費用として無視されてきた環境対策，資源保全，倫理遵守のための費用が内部化されているので，それらを無視した廉価品に比べてコスト高になる。その際に内部化される生

産費用は，「多面的機能」として農業生産に体化された「機能」を含むが，
それだけにとどまらず，例えば，脱炭素の取り組み，環境負荷の軽減，生物
多様性の保全，廃棄物対策，フェアトレード（過重労働・児童労働の抑止），
動物福祉，ESGに配慮した経営などに要する生産費用が含まれている。「多
面的価値」とはここに列挙するような取り組みが産み出す付加価値であり，
消費者の購買行動を通じて実現される価値である。消費者はモノとしての農
産物といっしょに多面的価値を購入することでその価値を享受できる。環
境・資源・倫理対策の重要性が指摘される中で，消費者の購買動機として不
可欠な概念として発案したものである。

4）家計の購買力

　「みどりの食料システム戦略」は小規模経営に優位な内容も多く，例えば
農地中間管理事業のような大規模優位の政策と対をなすことで，小規模経営
の脱落を防ぐという農村振興の役割も担っており，やはりお手本はEUであ
る。ただし，有機農業の数値目標については「実現可能な面積ではない」と
現場の反応は冷淡だった[5]。仮に生産できたとしても，誰が買うのかとい
う問題もある。「多面的価値」は購買のハードルを下げる有効な概念である
が，現在の家計はこうした要請に応えるだけの購買力を持ち合わせていない。
　「二人以上の世帯のうちの勤労者世帯」（全国）では，共働き世帯の増加で
世帯員に占める有業者の割合はほぼ一貫して増加しているが，最近のコロナ
禍による給付金などの臨時収入を除けば，家計の消費支出，可処分所得，純
貯蓄残高それぞれの実質値は，いずれも90年代初頭から低下傾向にある[6]。
日本経済は2012年12月から長期の景気回復局面に入るものの，勤労者の平均
賃金は非正規雇用の増加によって停滞したまま家計の購買力は低下した。一

（5）欧州と異なり、高温多湿な日本では有機栽培や低投入栽培はより手間を要す
　　ると考えるのが一般的な理解である。
（6）総務省「家計調査」。純貯蓄残高は貯蓄残高から負債残高を差し引いた値であ
　　る。

方，この間の金融緩和策で先進国の賃金は上昇したため日本との賃金格差は拡大した。本来であれば為替レートが円高に振れるはずであるが，大幅な金融緩和の影響で逆に円安となり，光熱費や食料品など輸入起源の物品が値上がりするに及んで，ようやく大企業を中心に賃上げに応じる雰囲気となったことは周知のとおりである。

　有機農産物の販売先もフランスに倣って政府調達による学校給食から始めることも一案であろうが，農業の環境対策に対する所得分配政策や，農村振興策に対する少子高齢化抑止策など，より基本的なメタ政策の不振が影を落としている。

草苅　仁

目　次

装丁・カバーデザイン：tamax

序章

農業基本法 2.0から3.0へ

玉　真之介

1．はじめに

　本書は、2020年3月の日本農業経済学会・大会シンポジウムに向けて準備した報告を，2022年の時点で再構成したものである。このシンポジウムは，新型コロナのパンデミックのため中止となり，"幻のシンポジウム"となった[1]。しかし，このシンポジウムは，20年後の2040年を目途として，食料・農業・農村の「多面的価値」と市場経済との関係性から，日本の将来像を展望した極めて野心的なものだった。すなわち，将来を過去からの延長線上で考えるのではなく，あるべき姿をビジョンとして描いた上で，既存のパラダイムを乗り越える発想で，ビジョンまでの到達方法を考える。こうした20年先からのバックキャスティングによって，これからの農政の基本的な方向性を提起するものだったのである。

　その際，「多面的価値」とは，従来の「多面的機能」を超えた造語である。それは，農業生産に備わっている働きを客体として論じる「機能」ではなく，それらが"人々の生存と福祉（well-being）"に対して持つ「意味」を問うものである。近年，「多面的機能」の考え方は「生態系サービス」という概念とともに論じられ，その経済評価方法をめぐって研究が進められている（吉田，2013；國井，2016）[2]。これに対して「多面的価値」は，環境や生態系

（1）このシンポジウムの予稿集は，『農業経済研究』第92巻第3号（2020年12月）に収録されている。

の持続性に加え，主観的"幸福度"にも及ぶ"人々の生存と福祉（well-being)"に対する食料・農業・農村の「価値」に焦点を当てたい[3]。それには，平成の30年間におけるコスト競争最優先の経済成長至上主義への反省とともに，主に農村政策の旗印だった「多面的機能」に代えて，「多面的価値」を新しい時代に即した食料・農業・農村を包括する旗印とする意図も込められている。

　さて，この前年になる2019年3月の日本農業経済学会・大会シンポジウムは，学会と農水省が連携して，「新基本法制定からの20年，これからの20年」をテーマとした。その際，「グローバリズムvs脱グローバリズム」という対抗軸を立て，Society5.0，SDGsなどの国の基本政策やEUの政策動向も踏まえて，5つの観点から報告と討論を行った。それにより，多面的機能などの農政理念にある「公共財としての農業・農村という視点」の重要性が再確認され，生産性向上という課題に加えて農村地域政策の強化が方向性として提起された[4]。この農村地域政策の強化は，2020年3月策定の「食料・農業・

（2）國井（2016）は，1999年の食料・農業・農村基本法が定義する「多面的機能」を，日本学術会議（2001）も踏まえて，2000年以降に国連の提唱で経済評価研究が発展してきた「生態系サービス」の概念と比較検討し，「機能」とその「サービス」を分けて考える必要があるものの，両者をほぼ「同義」としている（同：p.43）。その上で，「文化的サービス」を含めて，その分類と経済評価方法に関する研究を発展させる必要を提起している。
（3）植田和弘は，「新しい公共性における脱成長社会への大転換」という特集に寄せた論文で，「生活の質やほんとうの豊かさ」を意味する言葉として，「福祉（well-being)」をGDPに代わる持続可能な発展が目指すべき目標であるとして，「well-beingは，幸福（happiness）や生活満足度（life satisfaction）とも通底する概念である」（植田，2010：p.6）としている。また，国連ミレニアム生態系評価報告書（MA，2005）以来，持続可能性とwell-beingはセットで論じられるようになった（萩原，2013；大塚・諸富共編，2022）。他方で，三菱総合研究所は，「ポストコロナ社会で目指す姿として『レジリエントで持続可能な社会』を掲げ，その究極的な目標をウェルビーイングの最大化と位置づけ」（三菱総合研究所，2022：p.i），9要素・21項目・36指標のウェルビーイング指標を提起している。
（4）『農業経済研究』第91巻第2号（2019年9月）に収録。

農村基本計画」（第 5 次基本計画）における 1 つの基調となり，学会シンポジウムの提起が政策に活かされることになった。

　本書は，この 2 つのシンポジウムからさらに進んで，現行の食料・農業・農村基本法の見直しに向けた議論に貢献することを目指している。1961 年に制定された農業基本法が 1.0 であるならば，現行の基本法はその進化形と言える農業基本法の 2.0 である。そしていま，2020 年の新型コロナのパンデミック，2022 年 2 月に始まったロシア・ウクライナ戦争によって，世界は完全に新しい時代に入った。2018 年に始まった米中貿易戦争は，米中間のデカップリングを進展させており，世界はユーラシア大陸の中国・ロシア対，それを取り巻くアメリカ・EU・日本という新冷戦の様相を強めている。この事態は，1990 年代のアメリカ一極集中とグローバリズムの時代に制定された農業基本法 2.0 を，この新しい時代を見据えた 3.0 へバージョンアップさせることを求めている。

　その際，本書の強みは，元となった大会シンポジウムが，過去からの延長線上で考えるのではなく，あるべき姿を描いてバックキャスティングする手法をとったことにある。また，前年のシンポジウムが示した脱グローバル化という世界の基調変化も踏まえていた。現在，事態は刻々と動いているが，本書で描くあるべき姿が大きく変わるわけではない。それゆえに，すでに検討が始まっている農業基本法 3.0 に対する示唆・問題提起が豊富に含まれている。さらに，3.0 に対する論点をより明確にするために，本書では執筆者による討論も行って，その記録も収録した。

2．平成という時代

　現在、進行する事態を正しく理解するためには，現行の基本法 2.0 が制定・施行されてきた時代を振り返る必要がある。現行の基本法が実質的に 1992 年の「新しい食料・農業・農村政策の方向」（新政策）から始まると考えると，それはほぼ平成の 30 年と重なる。そして、平成は一言で言うと "地方の雇用

3

が失われたグローバリズムの時代"だった。昭和は，1989年にプラザ合意後の超円高で終わった。続く平成は，バブル経済とその崩壊で始まり，円高と産業空洞化，人口の少子高齢化，国内需要不足とデフレ経済，そして地方の衰退と東京一極集中が，グローバリゼーションと一体で進行した。そこで失われたのが，地方の雇用である。その際，農林漁業も地方経済にとっては重要な雇用の形である。平成にはこの観点が希薄だった。

　1995（平成 7 ）年と2015（平成27）年を比較しよう[5]。2015年の労働人口は6,625万人（1995年比0.99），就業者数6,401万人（同0.99）で1995年から微減である。雇用者数は5,663万人（同1.08）で高齢者の雇用が少しだけ増えた。重要な変化は，非正規雇用比率の増加である（21.0%→37.4%）。中でも若者（15 ～ 34歳）の非正規雇用比率が17.5%から51.2%へ 3 倍となった。実数では正規が533万人減の1,019万人に，非正規が739万人増の1,068万人である。非正規が正規を上回り，若者の 2 人に 1 人は非正規雇用となった[6]。

　起点は，日本経済団体連合会『新時代の「日本的経営」』（1995）である。翌年の派遣法改正で適用対象業種が13から26へ拡大され，1999年には原則自由化された（稲葉，2016：p.3）。これにより，有期の，年間所得300万円未満の，雇用保険・健康保険未加入の，職業訓練の機会のない"ワーキングプア"と呼ばれるような若者が激増した。他方で，正規雇用者を襲ったのが長時間労働とパワーハラスメントである。1999年以降，正規雇用者の過労死（脳・心臓疾患），過労自殺（精神障害）は激増した（篠田・櫻井，2014：p.61）。ドライバーの過重労働から悲惨な事故も多発した。医師・教師の過重労働も深刻となった（熊沢，2018）。

　同期間の産業別就業者数を見ると，農林漁業は138万人（38%）も減少し

（ 5 ）独立行政法人労働政策研究・研修機構『早わかりグラフで見る長期労働統計』
　　https://www.jil.go.jp/kokunai/statistics/timeseries/html/g0401.html（2023年
　　4 月23日閲覧）。
（ 6 ）このような非正規雇用の増加により，2015年の月間現金給与と家計支出は，
　　1995年対比でそれぞれ0.88，0.90へ減少した（出典：注 5 に同じ）。

て229万人となった。農家の高齢化と後継者不足である。ただし，建設業も161万人（24%）減の502万人，製造業も417万人（29%）減の1,039万人，卸売小売業も396万人（27%）減の1,058万人と，いずれも減少数では農林漁業を上回った[7]。この内，製造業就業者の大幅減少は，円高による産業空洞化の結果である。2012年度の通商白書は，「いわゆる『空洞化』の現状と評価」と題してドイツ，韓国，アメリカと比較し，「主要国では対外直接投資と国内投資の両方が増加傾向にある中，我が国のみが対外直接投資が増加する一方で国内投資が減少している」[8]と指摘していた。

　こうした農林漁業，建設業，製造業，卸売小売業の雇用減少で疲弊したのが地方の経済・社会であった。そこでも，やはり若者の動きがポイントである。東京圏（東京・神奈川・埼玉）への転入超過人口は，バブル崩壊後の一時的マイナス（1995）から増え続け，2014年に10万人を超えて2018年には13.6万人に達した。その9割前後が15〜29歳の若者である。大学進学と大卒者の就職が東京圏に集中し，それ以外の地方の若者（15〜29歳）の人口は，2000年の1,831万人から2015年の1,299万人へ29%も減少したのである[9]。

　この社会移動が日本の少子化・人口減少に拍車をかけた。若者の減少で地方における出生数が減少しただけでなく，全国で最も未婚化・晩婚化・晩産化が進む東京圏に若者が飲み込まれ，日本全体の出生率を押し下げた（中原，2018：p.30）。非正規雇用はじめ過酷な労働・生活環境の下で，東京の合計特殊出生率は，全国平均1.39に対して1.15である（2019年）。この「地方の雇用が失われるグローバリズムの時代」が続く限り，日本の経済・社会に未来はない。

（7）注5に同じ。

（8）https://www.meti.go.jp/report/tsuhaku2012/2012honbun/html/i3120000.html（2023年4月23日閲覧）。

（9）数字は，「第1期「まち・ひと・しごと創成総合戦略」の概要について」https://www.kantei.go.jp/jp/singi/sousei/meeting/senryaku2nd_sakutei/h31-03-11-shiryou4.pdf（2023年4月23日閲覧）。

3. グローバル（G）の世界vsローカル（L）の世界

そもそもグローバル（G）の世界とローカル（L）の世界では，産業と経済ロジックが異なっている（冨山，2014）。にもかかわらず，（L）の世界に（G）の経済ロジックが持ち込まれたのが平成の時代であった。

（G）の世界は「モノ」の製造が基本で，「規模の経済」によるコスト削減が追求される。そのため，製造拠点は世界中から最適の場所が選ばれ，グローバル・サプライチェーンが作られた。しかも，賃金が安く環境配慮や雇用条件の劣悪なところほど適地とされ，地方の中小企業までも中国・アジアに移っていった。円高と産業空洞化，非人間的な雇用は，まさに日本経済全体が（G）の世界のコスト競争の論理に飲み込まれた結果であった。

これに対して（L）の世界は，公共交通や建築・土木，飲食，小売り，医療・福祉・介護，育児・教育等々の「コト」の価値（運ぶこと，造ること，買うこと，食べること，治すこと，育てること，学ぶことetc）を提供する対面サービスを基本とした労働集約型産業が基本である。それは生産と消費の同時性と場所性を特徴とし，顧客満足にはスキル向上や"おもてなし"などの要素が欠かせない。また，顧客の満足が"働きがい"となる世界でもある。しかるに，そこに（G）の論理が持ち込まれ，人員削減とマニュアル管理による安売り競争が（L）の世界を壊していったのである。

その際，農業も一面では農産物という「モノ」を作る業である。そのため，やはり「規模の経済」が至上命題とされ，安売り競争に取り込まれた。しかし，農産物は生き物であり，"作る"のではなく"できる"のである（守田，1994：p.37）。また，固有の風土（地理・地形・気候etc）という場所性も持つ。それゆえこの間に元気があったのは，直売所や体験農場，六次化，農家レストラン，食育，農福連携等々の「コト」と関わる（L）経済との連携であった。とりわけ，インバウンドはじめ地方が外から交流・関係人口を呼び込む上で，農林漁業は地域の魅力づくりに欠くことができない。

6

　しかしいま，（G）の世界が激変している。製造業の国内回帰である。それはコロナ前から始まっていた。2019年，資生堂は38年ぶりに国内に工場を新設した。前年には日清食品が22年ぶり，ダイキンが25年ぶり，ユニチャームが26年ぶり国内工場を新規稼働させた。この動きが，新型コロナ・パンデミックによるサプライチェーンの断絶，ロシアのウクライナ侵攻による経済安全保障意識の高まり，それにいま１つ円安が加わって加速されている。2022年９月には，アイリスオーヤマが約50種類の製品生産を中国・大連から国内に移すことを決めた。ルネサスエレクトロニクス，京セラ，住友金属鉱山なども，自社生産拠点を日本国内に切り替える[10]。さらにキャノンもついに国内生産回帰を御手洗CEOが表明した。

　この動向を日本政策投資銀行レポートは未だ不確かと分析する（崎山，2022）。しかし，それは2000年以降の経済指標の分析だけで，この間の世界の脱グローバル化を見ていない。米中貿易戦争は一時的なもので，いずれ終わると予測した多くの経済学者と同様に，地政学的リスクへの感度が鈍いと言わざるを得ない。大事なことは，2008年のリーマンショック以降，「グローバリズムという言葉がもたらした幻想」（ブレマー，2018：p.12）に裏切られた人びとの「怒り」が「国家の復権」に向かっていることである（玉・木村，2019）。その下でいま，「自由主義vs全体主義」のイデオロギー対立が政治的・軍事的に世界を引き裂いている。

４．新冷戦の時代へ

　そこで欠かせない視点は，「第４次産業革命」と言われる5GやIoT，自動運転，AI，次世代半導体等のハイテク技術が，いまや軍事オペレーションの要ということである。当初は優勢と思われたロシア軍のその後の苦戦は，

---

(10)「アイリスオーヤマが約50種類の製造を国内に工場に移管，他社でも相次ぐ製造拠点の国内回帰」『SAKISIRU』（2022年９月15日）https://sakisiru.jp/36221（2022年10月３日閲覧）

明らかにNATO諸国からウクライナに提供されたハイテク兵器の威力によるものである。アメリカが中国への警戒を強めた最大の理由も，経済活動の水面下でハイテク技術が中国へ流出している懸念からであった。アメリカ・トランプ政権が，Huawei，ZTE等の中国通信企業の国内排除を決め，同盟国にも同様の措置を求めたのも安全保障上の理由からだった。

　いまの焦点は半導体である。「現在の社会・経済において，基幹部品である半導体は，経済安全保障にも直結する死活的に重要な戦略物資としての位置付けを濃くしている」（経済産業省「半導体・デジタル産業戦略」）（柿沼，2022：p.2）。2021年12月には半導体支援法が成立し，2022年5月には経済安全保障推進法も成立した（同）。その眼目は，「戦略的自立性」と「戦略的不可欠性」をキーワードとする生産拠点の国内立地推進である（深沢・白井，2022：p.43）。

　しかし，こうした日本の法整備は，米国・中国・欧州・台湾・韓国・インドのいずれからも立ち後れた（柿沼，2022：pp.7-8）。それは，「行き過ぎた支援は市場の効率的な資源配分を歪める可能性がある」（深沢・白井，2022：p.2））といった新自由主義＝グローバリズムの思想が，日本の政府と学会に深く根を下ろしてきたからである。1988年に50.3％を占めた日本の半導体世界シェアは2019年に10.0％にまで凋落した。その要因について荻生田経産大臣（当時）は，「諸外国が国を挙げて積極的な投資支援を行う一方で，我が国は国策として半導体産業基盤整備を十分に進めてこなかった」と答弁している（柿沢，2022：p.4）。

　この最先端半導体サプライチェーンは，日米間でも「日米競争力・強靱化（コア）パートナーシップ」による協力関係が2022年5月23日に確認され，また翌日開催のクワッド（日米豪印外交・安全保障協力体制）でも「日米豪印の能力及び脆弱性をマッピングし，多様で競争力のある半導体市場を実現するため，我々の補完的な強みを一層活用することを決定した」（共同声明）（同：p.20）。明らかに中国包囲を意識した集団的対抗である。

　他方、2022年9月30日にロシアのプーチン大統領は，ウクライナ東・南部

の４州併合を宣言し，それに対しウクライナはNATOに加盟手続きの迅速化を申請，英米などはロシアへの追加制裁を発表した。これにより，ロシア・ウクライナ戦争は新しい段階に入った。その直前の27日に，ロシアとドイツを結ぶ天然ガスのパイプライン「ノルドストリーム」が何者かによって爆破され，ロシアに対するヨーロッパのエネルギー依存は，再編が不可避となった。この結果，ロシアは中国，北朝鮮との関係強化へ動き，戦争は当然，長期化の様相を呈している。

　ロシアのウクライナ侵攻は，世界の穀物市況にも大きな影響を与えた。FAOの食料価格指数は，2022年３月に過去最高値の159.7にまで上昇し，６月には154.2まで低下したが，前年同月比23.1％の上昇である[11]。５月にはインドが穀物輸出を禁止した。ロシア，ウクライナの小麦に依存してきたエジプトほかアフリカ諸国では食糧危機の不安が高まっている。日本は，リンやカリなど肥料原料の価格高騰の打撃を受け，肥料も含めた総合的な食料安全保障に向けた見直しを迫られている。人・物・金・情報が国境を越えて自由に移動するグローバリズム一辺倒の時代は，終わりつつあると言える。

5．気候変動の脅威と地域，食料消費

　もう１つの脅威は，気候変動である。世界各地で史上最大規模の自然災害が頻発している[12]。気温上昇，ゲリラ豪雨，超大型台風・ハリケーン，大干ばつ・山火事，動植物の分布変化など，地球温暖化と総称される現象に農

---

(11)「穀物高騰は一服しつつ、高値圏で推移の恐れ」『エコノミストOnline』（2022年８月１日）　https://weekly-economist.mainichi.jp/articles/20220816/se1/00m/020/022000c（2022年10月４日閲覧）
(12)世界気象機関（WMO）は、2019年９月開催の「気候行動サミット」で，過去５年間が観測史上最も暑く、それが世界中で大きな被害を出した大型台風やハリケーンと密接に関係しているとする報告を行った。https://scienceportal.jst.go.jp/news/newsflash_review/newsflash/2019/09/20190925_01.html（2023年４月23日閲覧）

業生産は直面している。こうした事態に対して，2018年10月にIPCC（気候変動に関する政府間パネル）が公表した報告書「1.5℃の地球温暖化」は，気候変動の脅威に対する世界的な対応の強化を求め，将来の世界の平均気温が1.5℃を大きく超えないように，2050年前後に世界の二酸化炭素排出量を正味ゼロにする必要性を提起した[13]。

　日本もこの提起を受け，2020年10月26日に管首相（当時）が成長戦略の柱として「経済と環境の好循環」を掲げ，2050年までに温室効果ガス排出量を実質ゼロにすると所信表明演説で宣言した。その具体策の検討のため，12月25日には第1回国・地方脱炭素実現会議が開催された。この会議は，国と地方の協働・共創と国民・生活者目線を謳い文句に，「地域における2050年脱炭素社会実現」を目指す。そこに提出された環境省「ロードマップ」には，「脱炭素で，かつ持続可能で強靱な活力ある地域社会」があるべき姿とされ，「地域の主体的な取組を引き出す施策を総動員」するとしている[14]。

　ここで注目すべきは施策のターゲットが「地域」ということである。それは，地域によって気候条件，地理的条件，社会経済的条件等がそれぞれ異なるのだから当然である。2018年4月閣議決定の第5次環境基本計画が「地域環境共生圏」という考え方を打ち出したのも，気候変動への適応を進める上で，地域特性に立脚した「地域づくり」が要となるからである[15]。先の会議に出席した野上農林水産大臣（当時）も，「農林水産省の施策は，農山漁村はじめ，地域と密接に関わっている」として，環境省はじめ，地方自治体や関係省と連携しながら実効性ある取組を進めると発言した[16]。

　ただし、その取組の推進のためには，「理解」というレベルを超えた消費

(13)「気候変動適応計画」（2021年10月22日閣議決定）https://www.env.go.jp/content/900449799.pdf（2023年4月23日閲覧）
(14)「地域脱炭素ロードマップ策定の趣旨・目的について」https://www.cas.go.jp/jp/seisaku/datsutanso/dai1/siryou2-1.pdf（2023年4月23日閲覧）
(15)注14に同じ。
(16)国・地方脱炭素実現会議（第1回）議事要旨。https://www.cas.go.jp/jp/seisaku/datsutanso/dai1/gijiyoushi.pdf（2023年4月23日閲覧）

者や都市住民の食料消費行動が不可欠だろう。2019年8月のIPCC特別報告書「気候変動と土地」[17]は、「気候変動は土地に対して追加的なストレスを生み、生計、生物多様性、人間の健康及び生態系の健全性、インフラ、並びに食料システムに対する既存のリスクを悪化させる（確信度が高い）」と明言した。その上で、「適応及び緩和を進めるために、食品ロス及び廃棄物を含む、生産から消費に至るまで食料システム全体にわたって対応の選択肢を導入及びスケールアップしうる（確信度が高い）」として、「食生活の変化による総緩和ポテンシャル」が高いと指摘した。

　つまり、気候変動に対しては、「持続可能な土地管理」と「持続可能な森林管理」など農業と林業を総合的に捉える観点、並びに加工、流通、消費に至るまでの食料システムを総合的に捉える観点、さらには食料消費の在り方自体に切り込んだ観点が不可欠と言うことである。ターゲットとしての「地域」に加えて、上記3点はいずれも農業基本法3.0へ向けた重要な観点となってくるだろう。

6．令和は「地富論」の時代：農業基本法は3.0へ

　以上を踏まえて、令和という時代は地方の雇用創出による「諸地域（地方）の富」、すなわち「地富論」の時代にしなければならない。それは、同時に「経済と環境の好循環」による「脱炭素社会の実現」と一体のものでなければならない。それこそが、東京一極集中から地方分散への転換であり、地方経済の再生とそこでの重要な雇用としての農業が存在感を示す"あるべき姿"であり、農業基本法3.0が目指すべき方向である。

　その際、「地域」とはいったい何だろうか。結論から言えば、それは人々が「まとまり」「結束できる」地理的範囲である。その裏打ちとなるのは、やはり地理的・気候的条件と一体の歴史と伝統、文化の共有、一言で言えば

---

(17)https://www.es-inc.jp/insight/2019/ist_id010153.html（2023年4月23日閲覧）

"風土" である。したがって，市町村など基礎自治体がその中核的な単位となるが，もっと小さな合併前の旧町村や，さらに小さな集落という単位もあるだろう。同時に都道府県もまた積極的な役割が期待される。つまり，「地域」とは，歴史・文化の共有に裏打ちされた「まとまり」「結束できる」"内発性" と "重層性" を合わせ持つ地理的範囲なのである。

　では，地域が雇用創出のためにすべきことは何か。それは，人と投資を地域に呼び込むことである。そのために大切なのが明確なビジョンの提示である[18]。すでに多くの自治体が「2050年二酸化炭素排出ゼロ」を宣言した。その数は，2022年9月30日現在，785自治体，その人口は1.19億人となり，総人口の94.3％に達する[19]。課題は，こうした脱炭素社会実現の取組を，グローバリゼーションの下で失われた農林漁業，建設業，卸売小売業，そして製造業の雇用の「取り戻し」につなげることである。それは，"地産地消" から "地消地産" への発想転換と言えるかもしれない（小田切，2019：p.210）。その際，製造業の国内回帰の動きがその条件を拡大することが期待される。

　では令和「地富論」の時代に，食料・農業・農村はどのような役割を求められるのか。それはすなわち，農業基本法3.0に求められる課題である。表1は，その検討のために，歴史的な観点から玉が整理したものである。時期区分について補足すると，先述のように，現行の食料・農業・農村基本法の制定は1999年だが，すでに1992年の「新政策」から始まっていたから，2.0は1992年からとした。また，3.0は2022年2月のロシアによるウクライナ侵攻とそれに伴う急激な円安・インフレ等の国際情勢の変化により、食料安全保障が政策の最重要課題となった2022年からとした。こうしてみると，1.0

(18)地方創生の優良事例と言われる徳島県神山町は，"創造的過疎" というコンセプトで，芸術家やIT企業，若者等の人や投資を惹きつけている。https://iju.pref.tokushima.lg.jp/interview/11431/（2023年4月23日閲覧）。また，徳島県上勝町は，"ゼロ・ウエスト" を旗印とした様々な実践で2018年度の「SDGs未来都市」に選定された。
(19)環境省ホームページ。https://www.env.go.jp/content/000078586.pdf（2022年10月6日閲覧）

表1　農業基本法 3.0

		農業基本法 1.0	農業基本法 2.0	農業基本法 3.0
	期間	1961−1991	1992−2021	2022−
全般	国際環境	米ソ冷戦	グローバリズム	新冷戦
	国内政治	保革対立	農村型から都市型へ	脱新自由主義
	経済環境	高度成長・インフレ	円高・産業空洞化・デフレ	円安・インフレ・国内回帰
	政策思想	修正資本主義	新自由主義	経済安全保障
農政	政策の旗印	勤労者並み所得の実現	企業的な経営手法	食料安全保障
	主な政策手段	農産物価格支持	規制緩和・競争力強化支援	直接支払ほか多様な支援
	自由化への考え方	部分的・段階的自由化	完全自由化への対応	免除対象の明確化
	農政の重点	自立農家育成	産業政策の強化	地域・環境政策の強化
	重視する経営体	専業農家	企業的経営体	半農半Xを含む多様な経営体
	農産物の販路	大都市需要	輸出の拡大	国内安定供給
	地方への視点	農村工業化	六次産業化	国土・環境保全

注：玉真之介作成

　も2.0も期間はほぼ30年であり，したがって3.0も2050年までの約30年の期間を想定すべきである。

　各項目を見ていくと，「全般」の欄の新冷戦や脱新自由主義，製造業の国内回帰はすでにある程度は述べた。次の「円安・インフレ」に関して重要なことは，それが単なる経済基調の転換ではないことである。つまり，それはグローバリズムから新冷戦の時代への転換に伴う現象であり（中野，2022），戦後の米ソ冷戦の開始によってアメリカの対日占領政策が1948年に日本経済復興へと大きく転換した時のことを想起すべきである。この冷戦の日本国内への影響について，「経済安全保障」を含めて，第1章で詳しく論じることにする。

　「農政」に目を転じると，政策の旗印は，「食料安全保障」となり，それに伴って国内農業に対する政策手段も，WTOに代表される自由化を基調とした世界貿易体制への農政の適応の仕方も見直しが求められるであろう。この食料安全保障に関わる論点ついては，やはり第1章と第2章でより詳しく検討される。この表に完全に欠けているのは，加工，流通，消費を含むフードシステム，並びに食料消費に関する観点である。食料安全保障や地域・環境政策，持続可能な農法，さらにその担い手等々は，先述のように，「理解」

というレベルを超えた食料消費主体の消費行動や参加が不可欠となってくる。この点については，本書の第3章、第4章で論じられる。

　地域・環境政策については，2020年の「第5次基本計画」において，新たに「中小・家族経営など多様な経営体」への支援が打ち出され，また農村振興として「半農半X」やデュアルライフ（二地拠居住）など「本格的な営農に限らない農への関わりへの支援体制」も打ち出されていた。これは，実質的に基本法2.0が3.0に向かって一歩を踏み出したという意味で，基本法2.1と言っても良いものだった。ところが，食料安全保障の議論が始まった途端，揺り戻しも生じている（小田切，2023）。国際環境が大きく変わっても，基本法をめぐっては，様々なせめぎ合いが続くと覚悟すべきだろう。

　この支援対象となる経営体の問題は，基本法3.0にとって核となる部分であり，持続可能な農法のあり方を含めて第5章で論じられる。また，近年の若者の田園回帰やコロナ後の社会に予想される地方への人の移動を含めて，農村政策については第6章と第7章で詳しく論じられる。特に，グローバリズムの時代にあって，活力ある取組として注目された六次産業化や直売所，農家レストランほか，観光，体験教育，さらには近年の農福連携の進展等は，地域の産業（雇用）の活性化に結びつくだけではなく，"人々の生存と福祉（well-being）"と関わるという意味で，食料・農業・農村の「多面的価値」の実現につながるものである。

　以上の各章に加えて，執筆者の間で，①農業基本法3.0，②食料安全保障，③農村は蘇るか，をテーマにほぼ4時間半に及ぶ徹底した討論を行った。第8章はその記録である。そこでの議論からも分かるように，本書に参加したメンバーは，編者を含めて必ずしも同じ考え，同じ政策志向をもつわけではない。むしろ，その違いを認めあった上で，「多面的価値」というテーマに向かって互いの意見をぶつけ合うことで，より深い理解やよいよい政策を見いだせると信じて真剣に取り組んだのが本書である。それは，日本農業経済学会および農林水産省が歴史的に培ってきた姿勢であり、使命感とも言える。読者には，ぜひその点の理解に立って，本書が提供する主張や情報，提言を

受け止めていただくことをお願いしたい。

引用・参考文献

ブレマー・イアン（2018）『対立の世紀：グローバリズムの破綻』（奥村準訳）日本経済新聞社

深沢瑛介・白井斗京（2022）「半導体サプライチェーンと経済安全保障」『ファイナンス』4月号：42-43

萩原清子（2013）「持続可能性とウェルビーイング（well-being）」『地域学研究』，43（3）：307-324

稲葉康生（2016）「『雇用・労働の規制緩和』見直しを」『現代の理論』 7号 http://gendainoriron.jp/vol.07/feature/f07.php（2020年1月13日閲覧）

柿沼重志（2022）「我が国半導体産業の現状と課題～半導体支援法，経済安全保障推進法等による『復活』への道～」『経済のプリズム』215号：1-20

熊沢誠（2018）『過労死・過労自殺の現代史』岩波書店

國井大輔（2016）「農業・農村の多面的機能と生態系サービスの定義と評価方法に関する整理」『農林水産政策研究』25：35-55

MA（Millennium Ecosystem Assessment）（2005）" Ecosystems and Human Well-being：Synthesis" https://www.millenniumassessment.org/documents/document.356.aspx.pdf（横浜国立大学21世紀COE翻訳委員会『生態系サービスと人類の将来』オーム社、2007）

三菱総合研究所（2022）『ポストコロナ社会のウェルビーイング―MRI版ウェルビーイング指標の活用を目指して―』 https://www.mri.co.jp/knowledge/insight/dia6ou000003zc7t-att/er20210309pec.pdf

守田志郎（1994）『農業にとって技術とはなにか』農文協

中原圭介（2018）『AI×人口減少：これから日本で何が起こるのか』東洋経済新報社

中野剛志（2022）『世界インフレと戦争：恒久戦時経済への道』幻冬舎新書

日本学術会議（2001）『地球環境・人間生活にかかわる農業および森林の多面的な機能の評価について（答申）』 https://www.scj.go.jp/ja/info/kohyo/pdf/shimon-18-1.pdf

小田切徳美（2019）「農村問題の理論と政策―再生への展望―」田代洋一・田畑保編『食料・農業・農村の政策課題』筑波書房

小田切徳美（2023）「食料安保にも『多様な担い手』が必要だ：基本法検証を憂う」『季刊地域』53：72-75

大塚直・諸富徹共編（2022）『持続可能性とWell-being：世代を超えた人間・社会・生態系系の最適な関係を探る』日本評論社

篠田武司・櫻井純理（2014）「新自由主義のもとで変化する日本の労働市場」『立命館産業社会論集』50（1）：51-71

崎山公希（2022）「円安や経済安保で国内回帰は進むか」『DBJ Research』No.375：1-5 https://www.dbj.jp/topics/investigate/2022/html/20220801_203965.htmlhttps://sakisiru.jp/36221（2022年10月３日閲覧）

玉真之介（2019）「なぜ，いま小農なのか─脱グローバリズム，安全保障最優先の時代に再び」『季刊地域』38：72-75

玉真之介（2022）『日本農業5.0：次の進化は始まっている』筑波書房

玉真之介・木村崇之（2019）「『新基本法制定から20年，これからの20年』解題」『農業経済研究』91（2）：140-145

徳島県上勝町（2018）『上勝町SDGs未来都市計画』http://www.kamikatsu.jp/docs/2018082900017/file_contents/kamikatsu_SDGs.pdf（2020年１月30日閲覧）

冨山和彦（2014）『なぜローカル経済から日本は蘇るのか』PHP新書

植田和弘（2010）「福祉（well-being）と経済成長：持続可能な発展へ」『計画行政』，33（2）：3-9

吉田謙太郎（2013）『生物多様性と生態系サービスの経済学』昭和堂

第1章

国際環境の変化と食料安全保障への視点

玉　真之介

1．はじめに

　2018年にアメリカのトランプ政権がはじめた米中貿易戦争，2020年に中国の武漢からはじまった新型コロナ・パンデミック，そして2022年2月のロシア・プーチン大統領によるウクライナ侵攻と，この間の世界は劇的な出来事が続いている。この内，新型コロナには終息の気配が見られるものの，米中関係は中国・習近平主席の異例の3期目突入で一段と緊迫の度を高めており，ウクライナでの戦闘も停戦に至る見通しは現時点ではない。1990年代以降のグローバル化の進展を基調とした国際環境は完全に終焉を迎え，世界は新たな激動の時代へと転換した[1]。この章では，こうした国際環境の変化が現行の食料・農業・農村基本法（以下，基本法2.0と言う）の見直しに対して持つ歴史的な意味を踏まえて，食料安全保障を考える際の基本的な視点について述べたい。

　国内では，2021年10月に「新自由主義からの転換」を掲げて成立した岸田文雄内閣がロシアによるウクライナ侵攻を受けて，2022年12月には「国家安全保障戦略」を発表するなど，政治・経済・外交・国防の各方面で，新たな

---

(1)資産運用世界最大手のブラックロックCEOラリー・フィンクは、2022年3月20日付の株主宛書簡で「グローバリズムは終わりを迎えた」と記し，著名な経済学者ポール・クルーグマンもまたニューヨーク・タイムズ紙（同年3月31日）でグローバリズムの終焉を指摘した（中野，2022：p.14）。

国際環境に対応する政策の策定を急いでいる。その一環として，基本法2.0の見直しの議論も農水省においてすでに始まっている[2]。

　しかし，この間の国際環境の変化が劇的なものであるだけに，現在生じている出来事を中長期的な歴史の中に位置づけ，その意味を踏まえることが基本法2.0の見直しにとっても不可欠の作業だろう。また，現行の基本法2.0に先立つ1961年成立の農業基本法（以下、基本法1.0と言う）が，どのような国際環境の下で生まれたかを改めて振り返ることも必要だろう。そうでないと，ただ現状を危機としてだけ騒ぎ立て，目先の対処だけに陥る危険がある。しかも，その場合の歴史的な振り返りは，単に経済的にだけではなく，政治・軍事を含む包括的な観点からでなければならないだろう。

　筆者は，すでに2019年3月の日本農業経済学会・大会シンポジウム「座長解題」で，「グローバリズムvs脱グローバリズム」という対抗軸を示し，米中貿易戦争を米中間のハイテク覇権争いと特徴付けた上で，"国家の復権"を世界の潮流として示し，その枠組みから農村地域政策の強化を提起した（玉・木村，2019）。また玉（2019）では，今日を「脱グローバリズム，安全保障最優先の時代」と性格付け，「安全保障」を時代のキー概念として提示した。さらに，玉（2022a）では，日本農業の生得の本質を"生業＝諸稼ぎ"として歴史を振り返り，製造業の国内回帰と兼業農業の復活が地域経済と日本農業の新たな進化の契機となる可能性を示唆した。

　本章は，以上を踏まえて，農業基本法を制約する「国際環境」を考える上で重要となる3つの論点，すなわち，①貿易自由化，②安全保障，③冷戦，を歴史的に振り返り，そこから今後の食料安全保障を考える視点を提示したい。その際，戦後の国際環境の主役といえるアメリカの「対日態度は大体において対中態度と対照的である」（宇佐美，1998：p.4）ことを踏まえ，東ア

（2）こうした事態を受けて農水省は，「食料・農業・農村政策審議会」に「基本法検証部会」（座長中嶋康弘東京大学教授）を設け，2022年10月18日に第1回部会が開かれ，現時点では2023年3月14日の第11回部会まで検討が進められている。

ジアを舞台とする米中関係の歴史を特に重視する。その上で，基本法1.0と
基本法2.0の国際環境を対比し，基本法2.0に盛り込まれた「多面的機能」の
意味を反省しつつ，食料・農業・農村の「多面的価値」を来たるべき基本法
3.0の旗印として提示したい。

2．貿易自由化

　経済学者は，19世紀のリカード「比較生産費説」を持ち出して，貿易自由
化が世界経済の発展に不可欠であり，かつ "不可避である" と主張をしがち
である。とりわけ，1990年代以降の「新自由主義」が世界を席巻した時代は
そうだった。基本法2.0は，そうした国際環境と国内政治の下で1999年に制
定されたのだから，それが "防衛的" 性格となったのも当然だった。なぜな
ら，食管制度はじめとして基本法1.0がとりわけ稲作農業に "保護的" な制
度・枠組みもっていたからである。

　しかし，覇権国という観点を欠いた貿易自由化論は戯れ言である。日本に
貿易自由化を強力に迫ったのは，1980年代のアメリカ・レーガン政権だった。
しかも，1985年以降のそれはGATTの多角・無差別を原則とする本来の自由
貿易ではなかった。1985年9月，円高誘導のプラザ合意と同月にレーガン大
統領が発表した新通商政策は，日本を標的とした「報復を伴う相互主義」に
ほかならなかった。それは，通信機器，医薬品，エレクトロニクス，さらに
牛肉，オレンジ，半導体等，いずれも日本に対して "不公正な貿易慣行" と
いう一方的主張で市場開放を迫るものだったのである（荒川，1989）。

　その際の交渉圧力として使われたのが，アメリカの国内法である通商法
301条である。アメリカのSIA（半導体工業会）は1985年にUSTR（米通商
代表部）に日本の "不公正" を訴え，翌年にはRMA（精米業者協会）も日
本のコメ輸入禁止を "不公正" と訴えて，日本国内は騒然となった。1987年
には実際に通商法301条が発動され，日本のパーソナル・コンピューター，
カラーテレビ，電動工具等に100％の報復関税が課されたのである（同：p.6）。

これを見ても，2018年にアメリカ・トランプ大統領が始めた対中国貿易戦争を「保護貿易」と評するのは間違いであることが明らかである。そこで課された関税は通商法301条による報復措置であり，レーガン政権が日本に行った「報復を伴う相互主義」の再現だったからである。それは，トランプ政権のUSTR代表がレーガン政権時のUSTR次席代表ライトハイザーだったことからも明瞭である。その意味でも，2018年からの米中貿易戦争を理解する鍵は，1980年代の日米関係をめぐる国際環境の変化にある。

　転機は1985年だった。この年アメリカは，20世紀になって初めて債務国に転落した。第2次世界大戦で史上最強の経済力大国となったアメリカがである。他方，この年，ソ連にゴルバチョフ書記長が誕生して，11月の米ソ首脳会談となり，「東西関係がデタントの方向へ向かう」（荒川，1989：p.1）。さらに，その前年には中国の趙紫陽国務院総理が訪米し，さらにレーガン大統領が訪中したことで，1979年の国交回復で始まった米中関係は飛躍的に強化された（佐橋，2021）。この結果として，日本は，アメリカの「対ソ」「対中」戦略における"要"という戦後の地位を失い，むしろ逆にアメリカの経済覇権に対する最大の脅威へと立場が180度変わったのである。

　GATTウルグアイ・ラウンド（UR）がアメリカ主導で始まったのも1986年だった。「例外なき関税化」を目指したGATT・UR農業交渉こそが，基本法1.0の2.0への移行を決定づけたことは改めて言うまでもないだろう。ただし，GATT・URに対するアメリカの真の狙いは，「知的所有権」や「サービス貿易」，とりわけ先端技術分野での貿易ルール化だった。アメリカが優位性を持つこの分野こそ，「次の時代の"世界における地位"を決定する」（荒川，1989：p.7）ものだからである。この先端技術の覇権という観点から言っても，2018年に始まる米中貿易戦争は，日本と中国を入れ替えた1980年代後半の再現だったのである。

　1990年代から始まったアメリカの中国に対する「関与政策」（市場化支援により政治体制改善を期待する）も日本との経済覇権競争の一環であり，クリントン政権の下で2001年に中国は歴史的なWTO加盟を果たす。すでにソ

20

連は崩壊し，日本はプラザ合意後の円高による産業空洞化とデフレ経済に凋
落していた。いわば"第2の敗戦"である。そこから，iPhoneに代表される
ように，日本，韓国，台湾から中国への中間財輸出，中国での組立・加工，
そしてアメリカ，EUへの輸出という，アジア太平洋地域を舞台としたグ
ローバル・バリュー・チェーン（GVC）が目覚ましく進展し，中国は"世界
の工場"となって驚異の経済成長をばく進するのである（田村，2022）。

　ところが，2013年に誕生した中国の習近平政権は，鄧小平が敷いた「改革
開放」をスローガンとする"韜光養晦（能力を隠し力を蓄える）"路線をか
なぐり棄て，新たに「中華民族の偉大なる復興」と「一帯一路」を柱とする
「中国の夢」を掲げて「大国」を自認し，南シナ海の領有権を実力で確保し
て，アメリカ・オバマ政権には"G2"の体制を要求するに至った（ルト
ワック，2016）。ここからアメリカによる「関与政策」からの撤退が始まり[3]，
トランプ政権の登場によって，それは米中貿易戦争となる（アリソン，
2017）。トランプ大統領が国家通商会議のトップに指名したのは，『米中もし
戦わば』（ナバロ，2016）の著者で対中強硬派のピーター・ナバロだったの
である。

　しかし，すでに米中関係は経済的に深い相互依存関係にあり，"米中デカッ
プリング＝サプライ・チェーン再編"などあり得ないというのが日本の大方
のエコノミストの見解だった（三浦，2019）。新古典派経済学に偏重した日
本のエコノミストの多くは，地政学リスクへの感度が著しく鈍いと言わざる
を得ない。このために，次項に述べるように，経済安全保障についても，中
国との経済関係を維持することが日本の経済成長の"生命線"と主張するエ
コノミストが多数派である。一方で，アメリカは，共和党のトランプ政権か
ら民主党のバイデン政権に変わっても，対中強硬政策が基本的に維持されて

（3）オバマ政権は，当初は米中協力の推進を目指したが，2010年頃から対中政策
　　の転換を開始した（中野，2016：p.37）。この年の8月から開始されたTPP交
　　渉も，中国を排除した太平洋自由貿易圏という性格を明確に持っていた（玉，
　　2018：p.317）。

おり，とりわけ米議会は上院・下院共に中国とのデカップリングに積極的である。

　これに対して，日本の国会議員は，与野党を問わず親中国の議員が多数いて，中国とのデカップリングに消極的である。この対中国をめぐる日米間の議会の非対称性，並びに新古典派に偏った日本のエコノミスト，さらに財政規律最優先の財務省が，基本法2.0の見直し議論にとっては要注意勢力といわねばならないだろう。

3．安全保障

　アメリカの対中「関与政策」からの撤退により，それまで分離された経済と政治・軍事は再結合され，当然のように「安全保障」の概念の見直しが必至となった。そこで踏まえる必要があるのが「冷戦後の安全保障概念の拡大・深化」（久古，2021）である。序章で示したように，基本法2.0は，1992年「新しい食料・農業・農村政策の方向」（新政策）から始まるから，「冷戦後」という時代は基本法2.0と完全に重なる。それは，「運輸交通や情報通信技術の発展によって，ヒト・モノ・カネ及び情報が国境を越えて往来するグローバル化」（同：p.22）の時代であり，「核兵器の使用につながる主要国家間の戦争の可能性は格段に低下した」（同）時代だった。それゆえこの間に，安全保障概念が変化したのも当然だった。

　冷戦期，特に1955年〜65年のいわゆる冷戦「黄金期」には核戦争の可能性から，安全保障概念は国家レベルの軍事領域を中心としたものだった。それが米ソのデタント（緊張緩和）と2度の石油危機を経て，「経済安全保障」，「資源安全保障」などの語が登場する。日本では大平正芳首相の下で「総合安全保障戦略」がまとめられ，「軍事的侵略からの防衛と並んで，エネルギー安全保障，食糧安全保障，大規模地震などの非軍事的な脅威への対応」（久古，2021：p.26）という「新しい安全保障」概念が打ち出された。この安全保障概念の「拡大」が，冷戦終結後に一段と進むのである。

　それは，気候変動，資源不足，感染症，食料不足，麻薬取引，越境犯罪，テロ等の「人々の生存と幸福（well-being）を脅かす問題群」（同）である。核戦争の可能性の低下と国家間の相互依存の深化を背景に，経済，環境，資源などの非軍事的領域が前面に押し出され，安全保障概念も「拡大」された。

　他方で，「国家」を安全保障の主な客体とする伝統的な解釈にも見直しが進んだ。1994年の国連開発計画『人間開発報告書』は，「恐怖からの自由」，「欠乏からの自由」の2つを要素とする「人間の安全保障」を提起した。それは，推進主体についても，国家という「上から」に加え，「民衆，NGO，地方自治体など」，「下からの」主体の重要性が提起されるに至った（遠藤，2014：p57）。この安全保障の主体に関する「深化」を踏まえることが，今日の食料安全保障に関してもきわめて重要である。

　しかし，2022年のロシアのウクライナ侵攻で「国際環境」は根本的に変わった。国連憲章・国際法への重大違反にもかかわらず，国連決議も経済制裁も戦争停止に有効な効果を見せていない。また，ロシアのプーチン大統領は，核兵器についてもしばしば言及している。世界は，1950年代から1960年代の"核戦争の危機"に再び直面することになったのである。この事態を受けて日本政府は2022年12月「国家安全保障戦略」を発表した（内閣官房，2022）。それは，「国際秩序は重大な挑戦に晒されている」として「防衛力の抜本的な強化」等，「戦後の安全保障政策を実践面から大きく転換」するものとされている。しかし，その重心が「経済安全保障」にあることは，「安保と経済成長の好循環」，「我が国の経済の自律性，優位性，不可欠性を確保」という「目標」に明瞭である。この「経済安全保障」は，2020年12月に自民党新国際秩序創造戦略本部が提言し，翌年の岸田政権の「骨太の方針」にも反映されていた。

　この「経済安全保障」の考え方が鈴木一人（東京大学公共政策大学院教授）の「現代的経済安全保障の論点」（鈴木，2021）の議論に近いとすると，それは「戦略的自律性」より「戦略的不可欠性」を重視するところに特徴が見いだせる。つまり，それは米中デカップリングを半導体等「部分的」であ

るとして、コストを無視した製造業の国内回帰よりも、「中国も日本に依存している状態」(同：p.21) にしておくことが経済安全保障上の「抑止力」になるというものである。かつて、中国は2010年に尖閣諸島で中国人船長が日本の海上警察に逮捕されたとき、突然、レアアースの日本輸出を遅らせた。また、2022年にオーストラリアが新型コロナウイルスの発生源をめぐる独立調査を中国政府に要求した後、中国はオーストラリア産の石炭、ワインほか8品目について関税引き上げや通関停止を行い事実上の禁輸を行った。果たして「戦略的不可欠性」は本当に抑止力となるのだろうか。

　こうしてみても、「経済安全保障」の議論には、靖国問題はじめ中国を怒らせないようにして、経済利益の拡大を優先する伝統的な日本政府や財界の対中政策の基調が見てとれる。同時にそれは、「安保と経済成長の好循環」の表現に見られるように、TPPを「成長戦略」の柱とした安倍晋三政権以来の貿易自由化の路線が継続されているようにも見える。果たして今後の米中関係が「部分的」デカップリングにとどまるのか。それを見極めるためには、冷戦の歴史を振り返ってみる必要がある。それは基本法1.0の「国際環境」を確認する作業でもある。

4．冷戦

　その場合、冷戦といっても焦点は東アジアを舞台とする米中関係である。となると、まず戦後の東アジアにおける実質的な米中戦争だったのが、朝鮮戦争だった。それは、ヨーロッパで始まった米ソ冷戦が1949年10月の中華人民共和国の成立で東アジアへ波及し、1950年6月25日の北朝鮮の南進で始まった。その2日後、トルーマン大統領は声明を出す。それには、朝鮮半島のみならず、台湾海峡への第7艦隊派遣やインドシナのフランス軍支援が含まれていた。それが毛沢東を震え上がらせた。この声明を「米帝」による「三方向からの中国侵攻」戦略と解したからである（朱、2004：p.95)。

　一方、連合国最高司令官として日本占領のトップだったマッカーサーは、

朝鮮戦争開始後に国連軍司令官に指名され，9月の仁川上陸作戦を大成功さ
せ，10月8日には38度線を越えた。その際，マッカーサーは，中国軍の介入
はあり得ないと考えていた（同：p.13）。しかし，毛沢東はスターリンと金
日成の要請を受け，中共内の反対派を説得して参戦を決定し，10月19日人民
志願軍という名の中共軍が鴨緑江を渡る。開戦4ヶ月足らずで，米中関係は
戦争にまで発展し，1953年の休戦協定まで続くのである。この米中関係の振
れの大きさ，急激さこそ，1つの歴史の教訓である。

　この国際冷戦が国内冷戦と連動する（五十嵐，1986）。朝鮮戦争を対日講
和の好機と判断したアメリカのダレス国務長官顧問が動き，それが国内政治
を「単独講和」vs「全面講和」に引き裂いた。全面講和論をリードしたのは，
約50人の進歩的知識人の平和問題懇談会だった。『世界』1950年12月号の
「三たび平和について」は，社会党左派，労働組合，宗教者を動かし，1951
年6月には日本平和推進国民会議の結成となる。片や共産党も5億の中国人
民抜きの講和はあり得ないとして，「平和と独立の全面講和」を主張した。
全面講和を求める運動は，平和条約調印目前の9月1日の平和大会開催で最
高潮を迎える。9月8日講和条約の調印後も，共産党は10月16-17日の5全
協で「51年綱領」を採択して武装闘争に入り[4]，社会党は10月24日の臨時
党大会で左派が右派と決別し，再分裂した。

　吉田内閣が「主食の統制撤廃」を閣議決定したのはその直後の10月26日
だった。この閣議決定は，再来日したドッジ政府顧問の「政府の主食統制に
関する一般論は過度に楽観的」という警告でたちまち頓挫した（玉，2013：
p.198）。「朝鮮半島での米軍の苦戦など，アジアの共産主義へのアメリカの
危機意識は，日本政府をはるかに上回っていた」（同：p.199）。これも歴史
の教訓である。

　それに続く国際冷戦の国内冷戦への連動が，1960年安保改定である。休戦
が成立した朝鮮半島に代わり，「ドミノ理論」に立つアイゼンハワー政権が

（4）この「51年綱領」と武装闘争については，農地改革の評価との関係で詳しく
　　論じた玉（2022b）を参照。

表 1-1　政府米価の推移

	買入価格	売渡価格	価格差	ヤミ米価格
1955.7	10,160	10,064	−96	
1956.6	10,070	10,059	−11	10,450
1957.7	10,323	10,107	−216	11,655
1958.7	10,323	10,899	576	10,928
1959.7	10,333	10,899	566	10,582
1960.7	10,405	10,899	494	10,220
1961.7	11,053	10,815	−238	10,578
1962.7	12,265	10,785	−1,480	11,655
1963.7	13,171	12,046	−1,125	12,498
1964.7	14,962	11,957	−3,005	14,290
1965.7	16,345	13,924	−2,421	15,795
1966.7	17,850	15,158	−2,692	16,383
1967.7	19,493	15,023	−4,470	18,143
1968.8	20,640	17,343	−3,297	19,505

注：櫻井誠『米その政策と運動』中，農文協，1989，p.199，p.307，p.321 より作成

重視したのは台湾・インドシナ防衛だった（今野，2013：p.184）。1958年8月，毛沢東は金門島へ砲撃を開始し，「最も危険」な時代が始まる（マクマン，2018：p.107）。この年，岸・アイゼンハワー両政権は安保改定交渉を始めた。アメリカにとってそれは，沖縄をアジア有事の出撃基地とする在日米軍基地の再定義だった（山本，2017）。

　表1-1に示したように、政府のコメの買入価格（生産者米価）は1957年から据え置かれ，1958年には生産者米価と消費者米価は“順ザヤ”となっていた。しかし，1959年，再統一された社会党が安保改定阻止国民会議を結成した年の7月，政府は農協等の農業団体が1950年以来要求し続けてきた「生産費及び所得補償方式」を部分導入し，安保条約が自然成立し，岸内閣が総辞職した1960年7月，全面導入した（玉，2013：p.236）。この方式は，食糧需給が逼迫した戦時下に，コメ増産のために政府が導入した生産者に最も有利な方式の再現だった。明らかに，農業陣営を自民党基盤に確保するためのものだった。10月には基本法1.0となる「基本問題と基本対策」が調査会から答申され，法案化される。このアジアにおける台湾・インドシナ危機と国内の「総資本vs総労働」と言われた60年安保危機こそ，基本法1.0の国際環境

と国内政治だった。そこで農水省を含む農業陣営は，"僥倖"とも言えるキャスティングボートを握ることができたのである（玉，2013：終章）。

その結果，基本法1.0が掲げた「勤労者並みの所得実現」は，農業の構造改善よりも，米価算定における「所得補償」算定の根拠となって米価上昇を支えた。この米価算定をめぐっては，総評の春闘方式さながらに，農協中央会が米価引上全国大会を開催して気勢を上げ，そこに多くの自民党議員が応援挨拶に立った。この米価が稲作における中型機械化体系の普及を後押しした。製造業の地方進出で生まれた兼業機会の獲得には稲作作業の省力化が不可欠だったからである。こうして日本農業の「コメ＋兼業」化が全国化し，"農家"所得を向上させた。1972年には，農家世帯の世帯員一人当たりの家計費が勤労世帯を上回った。"一億総中流"と言われた世界に希な所得格差の小さい豊かな戦後日本の形成に，食管制度は間違いなく貢献していたと言える。

しかし，この基本法1.0における食管制度への過度の依存が，コメの過剰問題と農業財政硬直化，さらにエコノミストや都市サラリーマン，そして何よりも大蔵省（当時）に"歪んだ農業観"[5]を植え付けるという負の遺産となったのだった（玉，2022a：pp.74-76）。先述のように，1985年以降，基本法1.0を支えた国際冷戦の枠組みが崩れ，コメの市場開放を求めるGATT・URの開始により，農業・農村は外圧と内圧の両方から攻められることとなった。基本法2.0が打ち出した食料（消費者への配慮），農業（経営の企業化），農村（多面的機能の発揮）という3本柱は，いずれもが，都市のサラリーマンやエコノミスト、大蔵省（当時），そして国民一般に対して農水省の姿勢と農業の役割への理解を得るところに眼目があったと言える。その意味でも，冒頭に述べたように，グローバリズムと新自由主義が席巻する国際

（5）その代表が，「資産的農地所有」という俗説と合わせ，日本農業が小規模で兼業であるのは「自民党・農協・農水省」の「鉄のトライアングル」によるものであるという「1940年体制」論である．それについては，玉（2022a）の第4章を参照。

環境、国内政治の下で制定された基本法2.0は、"防衛的"とならざるを得なかった。そして、この3本柱と合わせて、農水省を含む農業陣営が大義として展開したのが食料安全保障であり、自給率の向上という議論だったのである。

　それでは、以上を踏まえて最後に、来たるべき基本法3.0の国際環境が示唆する食料安全保障への視点を考えてみることとしたい。

５．食料安全保障への視点：「選択と集中」から「多様化と分散」へ

　序章でも論じたように、基本法2.0の国際環境はグローバリズムの時代であり、製造業のコスト競争がグローバルに展開され、それに合わせてサプライチェーンもグローバルに構築された時代だった。日本の製造業も円高を背景にもっぱら中国はじめ海外を投資先としたのである。そこでの世界の安全保障は、"パックス・アメリカーナ"と言われたように覇権国のアメリカが一手に引き受け、2003年には国連決議や確たる証拠もなくイランに侵攻して政権を転覆するといった力の誇示がなされたのである。

　その下において、食料安全保障や自給率をめぐる議論は、当然のように経済学的視点が重視され、「国内生産を一定の水準以上に維持することは必ずしも効率的ではない」とされ、「海外からの食料が安定的に調達可能で、しかもリーズナブルであれば、安全性が確保されているかぎり、輸入を増やすほうがむしろ食料安全保障に貢献しうる」とされた。こうして自給率云々の議論よりも、「備蓄や潜在的な食料生産能力としての食料自給力の維持が重要である」（齋藤，2020：p.202）とされたのである。

　それには、ソ連崩壊後のグローバリズムの下で発足したWTOが、輸入国には食料安全保障を確保する手段としての数量制限を一般的に禁止し、輸出国には食料安全保障のための輸出制限を認めるという、輸入国と輸出国との間での「著しく不平等」な枠組みを構築したことにより、議論の余地のない結論とされてきた。しかし、新たな国際環境の下で、この通商規律と食料安

全保障については，改めて議論すべきである。

　ただし，その議論は第 2 章に譲ることにして，本章では，ロシアのウクラ
イナ侵攻以後に劇的に変わった国際環境が示唆する食料安全保障への視点に
ついて論じることにする。注目すべきは，ロシア制裁の「最終兵器」とまで
言われたSWIFT（国際銀行間通信協会）からのロシア銀行の排除も，むし
ろドルの国際決済通貨としての地位を弱めただけで，想定された効果は挙げ
ていない点である。また，それは中国とロシアの経済関係を急速に強化し，
さらに中東の盟主サウジアラビアもアメリカから距離を置き，中国へと関係
強化に舵を切った[6]。世界は，"中国・ロシアvsアメリカ・EU・日本"と
いう新冷戦の時代へと大きく転換した。そこにおいて安全保障が，各国が自
ら事態に見合う態勢を整えねばならないことはもちろん，各企業もまた経営
戦略の最優先事項として自ら判断し，対応してゆかねばならない。序章で紹
介した日本企業の国内回帰，そしてサプライチェーンの再編は，まさに新冷
戦の開始に伴う地政学リスクを見据えた動きである。

　基本法2.0の下では，理念的に議論された食料安全保障や自給率も，いま
や経済学的視点のみならず地政学リスクを見据えた具体的なサプライチェー
ン再編という枠組みでの議論が必要となるだろう。その際，最も重要となる
のがグローバリズムの時代の「選択と集中」という発想からの転換である。
グローバリズムの時代には，あらゆる分野においてトップ・マネジメントが
重視され，"金太郎飴"のように主張されたのは「選択と集中」だった。そ
の中で，富士通や東芝と言った日本を代表する企業が惨めな業績や不祥事に
まみれたのである。新冷戦の時代に「選択と集中」をすることは，単純にリ
スクを高めるだけである。新冷戦の時代には，すべてを「多様化と分散」へ
と発想が転換されなければならないのである。

　その第 1 は，食料安全保障や自給率を論じる客体と推進主体を「多様化と

（ 6 ）「中国の仲介でイラン・サウジ関係改善，世界は米国抜きで回り始めた」
　　https://news.yahoo.co.jp/articles/e19944da97ec20850427581659f94b75cc0ba5fe

分散」すること，すなわち，国だけではなく「地域」を明確に位置づけることである。序章で論じたように，気候変動の脅威へ向けた脱炭素の取組は，国と地方の協働・共創による「持続可能で強靱な活力ある地域社会」の構築に向け，「地域の主体的な取組を引き出す施策を総動員」するとされていた。安全保障概念の「拡大・深化」を踏まえれば，同様な視点が食料安全保障や自給率の議論にも必要である。その際，「地域」とは人々が「まとまり」「結束できる」“内発性”と“重層性”を合わせ持つ地理的範囲であった。したがって，いまや都道府県のみならず市町村と言った基礎自治体にも，食料安全保障や自給率が課題として議論されるべきなのである。ちなみに，農水省が示す都道府県別の食料自給率は，カロリーベースで東京は０％，大阪は３％である[7]。37％という国の自給率（カロリーベース）の数字を問題にしているかぎり，いつまでたっても他人事である。有事には，サプライチェーンが断絶することも想定しなくてはならない。それを考えれば，各「地域」にとって備蓄や自給力という検討も不可欠である。東京の緑地はどれだけ畑に転換できるのか。基本法3.0の国際環境を踏まえ，多様な「地域」で重層的に，住民が自分事として食料安全保障を議論する必要があると言える。

　第２は，農業生産の担い手の「多様化と分散」である。食料安全保障にとって食料生産の担い手の「選択と集中」ほどリスクを高めるものはない。例えば，都市農業や家庭菜園であっても，有事には拠り所となる。大規模な植物工場などは停電したら終わりである。小田切徳美が言うように，食料安保にとってこそ「多様な担い手」が必要なのである（小田切，2023）。その意味で，2020年に策定された「第５次基本計画」が，中小・家族経営など多様な経営体を地域社会の維持に重要な役割を果たしているとし，また，「半農半X」やデュアルライフ（二地域居住）などの本格的な営農に限らない多様な農への関わりをも含めて支援対象としたことは，まさに基本法3.0に向

（7）「都道府県別食料自給率と食料自給力指標」https://www.maff.go.jp/j/zyukyu/zikyu_ritu/ohanasi01/01-08.html

かって一歩踏み出したものと言えるのである。

　第3は，食品産業や卸売・小売等の流通資本から消費に至るフードシステム全体の「多様化と分散」である。1990年代以降のグローバリズムの下で，東京への一極集中と地方の衰退が進んだことで，食品産業や卸売・小売などの流通資本も大規模化，集中化が進展してきた。しかし，その一方で，直売所や地域ブランド，六次産業化，グリーンツーリズム等，集中化とは逆の分散化の動きがあったことも見のがされてはならない。それに関連して，東日本大震災以降の大規模災害に向けた自治体の取組において，食品産業や流通資本を巻き込んだ取組が広がっている。そうした取組を食料安全保障の議論と連結して，合わせてフードシステムの「多様化と分散」を進める必要があるだろう。

　以上，食料安全保障について述べた3点は，序章で「地富論」の時代として論じた製造業の国内回帰，若者の田園回帰，コロナ後の地方への人の移動，企業本社の地方移転，半農半Xを含む多様な経営体等々による地方の再生と一体のものであることがわかるだろう。そこで，最後に「多面的価値」である。新冷戦という基本法3.0の国際環境の下で食料安全保障を政策的に推進しようとするときに，消費者の消費行動を抜きにその実現はもはや考えられない。

　その中で，基本法3.0につながる積極性を持っていたのが，「多面的機能の十分な発揮」（第3条）であった。それは確かに，“水田の洪水防止機能”がまず例とされるように，その主眼は基本法1.0における稲作農業の“保護的”枠組みを守るところにあった。しかし，1992年のリオ地球サミット以降の環境問題への世界的な関心，あるいは「持続可能な開発」（sustainable development）へ向けた国連の様々な取り組みにより，生態系や生物多様性と農業の深い関わりに関する理解が広がった。この「多面的機能」という概念は，現在は「生態系サービス」という観念へと発展してきている。

　とはいえ，日本の稲作農業は，コメの消費減少がボディーブローとなり，米価の低落と減反拡大のスパイラルによって地盤沈下していった。農家の高

齢化と後継者不足がそれに拍車をかけている。それが借地による規模拡大に寄与しているとはいえ。ここから得られる基本法3.0に向けての教訓は何か。それは，「多面的機能」が言わば農業生産に附随する「外部効果」程度の扱いのため，冷戦後の安全保障概念の「拡大」の中に埋没して，前述の"歪んだ農業観"を跳ね返すには至らなかった点である。それは，「機能」という効率性の発想につながる表現の問題もあり，「生態系サービス」の方が今後活用されるべきだろう。

　それと合わせて，グローバル化と新自由主義という逆境とも言える基本法2.0の環境において元気があったのは，直売所や農産加工，農家レストラン，農家民宿，農福連携，体験農業等々といった農業・農村に関わる多面的な取組だった。有機農業や若い世代の農村回帰も，それらと深く関わっている。それらを踏まえて，日本農業のあるべき姿を描くなら，それは単に効率性や生産性が高い一握りの企業的経営体が農業生産の中心になることではないだろう。そうした経営体の育成も重要ではあるが，望ましいのは農業・農村が国民の健康，食文化，地方経済，国土保全，生態系修復，都市農村交流，農福連携，教育，伝統文化，景観・観光等々といった「国民の生存と福祉（well-being）」を多面的に支える存在として存在することであり，したがってまたそれぞれの分野に見合った多様な経営体によって営まれることだろう。その中には，当然，半農半Xも含まれるし，自給農家や兼業農家も多様に含まれてしかるべきである。

　そこで再び序章の**表1**にたち帰って，基本法3.0を見てみよう。その「国際環境」は米中「新冷戦」であり，「政策思想」は「経済安全保障」である。この「経済安全保障」が「農政の旗印」の「食料安全保障」とどのように関係するかは，それが「戦略的自律性」の重視となるか，「戦略的不可欠性」の重視となるかによって変わってくる。それは今後の米中関係次第で不透明であるが，基本法2.0のような低価格重視の自由化路線からの転換となることは間違いないだろう。その際，安全保障の概念の「拡大・深化」で確認したように，もはやその推進主体は国家のみではなく，消費者や都市住民，自

治体と言った安全保障の「下から」の推進主体が重要となることが強調されねばならない。

　その意味でも，基本法3.0に向けて重要なのは，「多面的機能」という“守り”の論理に立っていた基本法2.0の反省に立って，「多面的価値」という「下から」の推進主体に働きかける“攻め”の理論への深化が重要である。それは，先述のように，食料安定供給や「生態系サービス」はもちろん，「国民の生存と福祉（well-being）」と深く関わる「価値」のことであり，その根底にある日本農業の風土性と歴史性（遺伝子）の再認識である。

　基本法3.0は，米中「新冷戦」という「国産環境」に備え，この「多面的価値」の“保全と発揮”を，国の政策はもちろん，その理解に立つ消費者や都市住民，地方自治体等の「下から」の主体の参加を仕組みとして組み込んだものでなければならない。

引用・参考文献

アリソン・クレアム（2017）『米中戦争前夜』（藤原朝子訳）ダイヤモンド社

荒川弘（1989）「公平貿易と相互主義」『成城大学経済学研究』105：1-26

遠藤乾（2014）「安全保障論の転回」遠藤誠治・遠藤乾編『安全保障とは何か』岩波書店：33-64

藤本剛康（2022）「米中大国間競争とアメリカの通商政策―米中デカップリング論を超えて」『国際経済』74：1-23

五十嵐武士（1986）『対日講和と冷戦』東京大学出版会

今野茂充（2013）「東アジアにおける冷戦とアメリカの大戦略」赤城完爾・今野茂充編『戦略史としてのアジア冷戦』慶應義塾大学出版会

久古聡美（2021）「冷戦後の安全保障概念の拡大・深化」『変化する国際環境と総合安全保障　総合調査報告書』（調査資料2021-3）国立国会図書館調査及び立法考査局：21-32

ルトワック・エドワード（2016）『中国4.0：暴発する中華帝国』（奥山真司訳）文春新書

マクマン・ロバート（2018）『冷戦史』（青野利彦監訳・平井和也訳）勁草書房

三浦有史（2019）「米中のデカップリングは進むのか」日本総研『アジア・マンスリー　2020年1月号』https://www.jri.co.jp/page.jsp?id=35560（2023年4月25日閲覧）

ミヤシャイマー・ジョン（2014）『大国政治の悲劇：米中は必ず衝突する！』（奥山

真司訳）五月書房

ナバロ・ピーター（2016）『米中もし戦わば：戦争の地政学』（赤根洋子訳）文藝
　春秋

内閣官房（2022）「国家安全保障戦略」国家安全保障局 https://www.cas.go.jp/jp/
　siryou/131217anzenhoshou/gaiyou.html（2023年4月25日閲覧）

中野剛志（2016）『富国と強兵：地政経済学序説』東洋経済新報社

中野剛志（2022）『世界インフレと戦争』幻冬舎新書

小田切徳美（2023）「食料安保にも『多様な担い手』が必要だ」『季刊地域』53：
　72-75

佐橋亮（2021）『米中対立：アメリカの戦略転換と分断される世界』中公新書

齋藤勝宏（2020）「多面的価値とリンクした食料安全保障の実現に向けて」『農業
　経済研究』92（3）：198-209

朱建栄（2004）『毛沢東の朝鮮戦争：中国が鴨緑江を渡るまで』岩波現代文庫

鈴木一人（2021）「現代的経済安全保障の論点」『外交』68：14-21

玉真之介（2013）『近現代の米穀市場と食糧政策』筑波書房

玉真之介（2018）『日本小農問題研究』筑波書房

玉真之介（2019）「なぜ，いま小農なのか─脱グローバリズム，安全保障最優先の
　時代に再び」『季刊地域』38：72-75

玉真之介（2022a）『日本農業5.0　次の進化は始まっている』筑波書房

玉真之介（2022b）「農地改革の真実─その歴史的性格と旧地主報償問題─（その
　4）」『帝京経済学研究』56（1）：121-184

玉真之介・木村崇之（2019）「『新基本法から20年，これからの20年』解題」『農業
　経済研究』91（2）：140-145

田村太一（2022）「米中貿易摩擦とグローバル・バリュー・チェーン」『国際経済』
　74：59-81

宇佐美滋（2020）「米中関係史を考える」『国際政治』118：1-8

山本章子（2017）『米国と日米安全保障条約改定─沖縄・基地・同盟』吉田書店

第2章

多面的価値を踏まえた量的・質的食料安全保障の実現に向けて

萩原　英樹

1．はじめに

　ロシアによるウクライナ侵略により，食料安全保障の問題が日本だけでなく，世界の大きな関心事項の一つとなっている。これは，ロシアとウクライナが小麦をはじめとした穀物の有数の生産国だけでなく，輸出国であることから，ロシアとウクライナからの穀物の輸出が十分にできなくなると，世界市場において，穀物供給が少なくなるため，穀物の輸入国が大きな影響を受けることになるからである。このため，例えば，小麦のシカゴ市場では，価格が急騰したことは記憶に新しい。また，ロシアやベラルーシは肥料である塩化カリウムの輸出国であり，塩化カリウムの供給が少なくなると，塩化カリウムの価格が高騰し，これらの国に肥料を依存していた日本も含む世界中の多くの国では塩化カリウムが農産物の生産に必要であることから，大きな影響を受けることになる[1]。このように，穀物の輸入国だけでなく，諸外国に肥料を依存している国までも影響を受けることになり，こうしたことが主な要因で，現在，世界中の多くの国で食料安全保障の関心が高まっている[2]。

　日本における2021年度の食料自給率は，カロリーベースで38%，生産額

---

(1)ロシアのウクライナ侵攻により，ロシアやベラルーシにおける肥料である塩化カリウムの輸出が直接的に影響を受けると，例えば，肥料である塩化カリウムの輸出国である中国などが輸出抑制的な政策をとることによって，間接的な影響を受ける国も存在することにも留意する必要がある。

ベースで63％となっている。すなわち，カロリーベースでは約60％の輸入食料に依存している状況にある。このため，日本では，カロリーベースの食料自給率が低く，かつ，低下傾向にあることを主因として，食料の国内生産の重要性が問われることが多く，また，ロシアによるウクライナ侵略を受け，より食料の国内生産の関心が高まっている。

　食料安全保障という観点を踏まえると，食料の国内生産を増大する政策については，日本の主権が及ぶ範囲で生産が行われた食料が国民に対して供給されることにつながることから重要視される。ところが，日本国民の需要を満たす食料について，すべてを日本国内で生産し，供給することができないため，輸入食料に依存する必要があり，食料を安定的に輸入することも求められる。

　こうした中，日本では65歳以上の高齢者の人口がピークを迎えると予想されている2040年の持続可能な社会の構築が求められている。このため，いかなる状況においても，国家の国民に対する食料の安定供給は万全でなければならないことから，食料安全保障については，持続可能な社会という視点を踏まえ，そのあり方を検討する必要がある。この場合，特に，食料の国内生産及び輸入食料の双方の状況を踏まえた検討が必要と考える [3]。したがって，食料の国内生産に影響を及ぼす可能性がある主な要因に加え，輸入食料に依存している日本としては世界の食料需給に大きな影響を及ぼす可能性が

（2）2022年6月に開催された第12回WTO閣僚会議において食料安全保障の不安への緊急対応についての閣僚宣言がとりまとめられた。また，ほぼ同時期に，G7では，世界の食料安全保障に関するG7声明がとりまとめられた。なお，本稿では，食料安全保障の厳格な定義などには踏み込まない。しかし，我が国では，国民が国に求める食料安全保障について，現在の食生活を維持するということが基本であると考えている場合が多いと考えられる。つまり，国が考える食料安全保障と我が国の国民一人一人が考える食料安全保障とは必ずしもその考え方が完全に一致しているわけではないと考えられる。
（3）食料の国内生産及び輸入食料に加え，食料備蓄も踏まえる必要があるが，食料備蓄の考え方については，持続可能な日本の食料安全保障のあり方に関する考え方を提示する際に提示する。また，後述するように分配的視点も重要である。いずれにしても，国内生産が軸足である。

ある主な要因についても，分析が必要となる。

　その食料は，毎日消費されるため，国民に対する食料が安定的に供給されているのかという量的な点が重要視される。もちろん，食料の質的な点，すなわち，生産方法や安全性なども重要視される。2040年の持続可能な社会の構築に向けた食料安全保障のあり方を検討するためには，持続可能な社会に貢献できると考えられる食料の質的な点において，すなわち，生産方法や安全性も含め，その概念をより広く捉え，新たな概念である食料・農業・農村の多面的価値を取り上げる必要があると考える。玉・木村（2020）は，多面的機能と多面的価値の概念を整理しており，多面的機能について，食料・農業・農村の機能面を捉えているが，多面的価値については，食料への権利（the right to food）[4] なども含んだより広い概念であり，コスト競争及び企業の論理が優先したグローバル市場のあり方を再検討するための有力な実践概念になり得るとしている。このため，こうした多面的価値の考え方を踏まえ，食料安全保障のあり方との関係を検討する。

２．研究方法

（１）先行研究の成果と課題

　食料安全保障に関する多くの先行研究は，日本の食料安全保障を確保するために，食料・農業・農村基本法（以下「基本法」）の考え方を前提とし，如何に食料供給を確保するのかという実行面に焦点を当てた分析が多い。つまり，食料安全保障の考え方[5]，すなわち，多面的価値を踏まえた理論面

（4）食料主権（food sovereignty）や食料への権利について，これらの定義や国連等での議論の詳細については他の文献に委ねるが，食料輸出国や食料輸入国，先進国や開発途上国なども含め，立場が異なる国・地域でどのように受け止め，そして，どのように政策に結びつけているのかという論点がある。

（5）玉（2022）は，食料安全保障ではなく，安全保障というより高次な概念を用いて，食料の安定供給と農地・国土の保全を安全保障と捉え，国の安全保障にとっても，最も重要なのは農政の変化を活かした地富論が重要な課題であると指摘している。

の強化に焦点を当てた分析が少ない。

　例えば，株田（2013）は，現行の食料安全保障に関する議論の経緯を整理した上で，日本のフードシステムが抱える様々なリスクに注目した分析を実施しているが，多面的価値を踏まえた食料安全保障の考え方を提示するに至っていない。大賀（2014）は，日本の食料安全保障について，国内食料供給の維持・向上と輸入食料の安定確保ということに尽きるといっても過言でないと実行面から捉えているに過ぎない。下野（2014）は，日本の耕地面積の減少の回避と単収の持続的な増加が食料安全保障上，重要であると指摘しており，実行面の指摘となっている。須藤（2014）は，海外への農業投資を官民あげて押し進め，より多角的で柔軟性のある安定した食料供給体制のあり方を模索する時期に来ていると実行面の指摘となっている。平澤（2017）は，日本の主権の及ぶ国内生産による供給力を維持してきたが，近年その基盤が脆弱化しており，自由貿易化と人口減少に対応した再編が必要と実行面の指摘をしている。小泉（2017）は，長期的には気候変動により，農業生産が不安定になる可能性があるため，農業投資を減らすべきではないと実行面の指摘をしている。山下（2022）は，減反を廃止することにより，米の増産を図ることで米価を下げ，平時は米の輸出を行うことによる食料安全保障を提案しているが，食料安全保障の確保のための実行面の事例に過ぎない。

　一方で，新しい食料安全保障の考え方を提示している研究も存在している。外務省（2010）の報告書は，東アジア緊急備蓄構想など，近隣諸国との共同備蓄などを含めた対策強化が求められようとしていると指摘している。原（2011）は，短期，長期の食料安全保障の問題への取組を目指した国際協力体制の枠組みの構築を実現させていくべきと主張している。豊田（2016）は，ASEAN＋3緊急米備蓄（ASEAN Plus Three Emergency Rice Reserve：APTERR）の分析をしており，地域の食料安全保障[6]について指摘している。萩原（2019）は，国際交渉において農業の国内対策が必要となった場合，食料安全保障の確立という視点で国内対策を考える必要があると指摘した上で，農林水産物の輸出については，不測の事態において，日本国民に対して

供給することができる側面をもっていると述べているほか，食料安全保障については，その概念をグローバルにとらえ，APTERRの取組のように地域間における相互扶助のシステムの構築をさらに進めることによって地域の食料安全保障を強化することができると指摘している。古橋・小泉・草野（2019）は，日本語の食料安全保障と英語のフードセキュリティの定義について問題提起をしており，国際的に包括的な考え方はあるとしている一方で，互換性には違和感があるとの指摘をしている。

　しかしながら，これらの分析は，多面的価値を踏まえ，持続可能な日本の食料安全保障の考え方の具体的な課題を明らかにするとともに，今後の方向性を提示するには至っていない。

（2）分析方法

　以上のことから，多面的価値の考え方を踏まえ，食料安全保障のあり方との関係を検討するため，以下の分析を行う。

　第1に，日本の食料安全保障を取り巻く環境，つまり，世界の食料需給及び食料の国内生産に影響を及ぼす可能性がある主な要因を分析する。第2に，多面的価値と食料安全保障の関係を分析する。具体的には，国際的視点及び国家的視点から分析を行う。国際的視点としてFAO（国連食糧農業機関）の食料安全保障の考え方，そして，国家的視点として，食料安全保障を憲法に位置づけているスイス[7]と日本の食料安全保障の考え方について，それぞれ量的・質的な視点を踏まえた分析を行う。第3に，日本の食料安全保障

（6）軍事には集団安全保障が存在しているが，食料を戦略物資として捉え，食料の集団安全保障という概念も存在する。食料の集団安全保障を実行するには，現実的には，国家レベルの信頼関係が構築されていること，例えば，軍事同盟国が構築されていることが前提になるのではないかと考えられる。ただし，食料の価格は市場で決定される，すなわち，最も高い価格を支払う者が購入できるという世界市場での基本的な考え方から逸脱し，食料の集団安全保障傘下の特定国だけが優遇される考え方は，食料が日々必要な物資であるため，人道的な観点からも世界的に許容される可能性は限りなく低いと考えられる。

に影響を与えると考えられるWTO（世界貿易機関）及びEPA（経済連携協定）/FTA（自由貿易協定）の通商規律と食料安全保障の関係を整理する。最後に，持続可能な日本の食料安全保障のあり方について，考え方を提示する。

3．日本の食料安全保障を取り巻く環境

（1）世界の食料需給に影響を及ぼす可能性がある主な要因

　第1に，世界人口の増加の影響である。世界人口が増加すれば，食料需要も増加する。世界人口の増加は，世界の食料需給に影響を及ぼす可能性があり，ひいては，日本の食料輸入に影響を及ぼす可能性がある。

　第2に，中国等の新興諸国の所得増加に伴う影響である。新興諸国の食生活の変化により，食料の輸入依存度が高くなれば，世界の食料需給に大きな影響を及ぼすことが考えられる。

　第3に，地球温暖化の進展による食料生産への影響である。地球温暖化が今後とも進行すれば，食料を生産している地域の生産条件が変化し，食料生産に影響を与える可能性も否定できない。また，カビ毒が高緯度地域でも農産物に発生しやすくなる可能性もある。

　第4に，食料の生産に不可欠な肥料等の農業生産資材の供給国において，紛争や大規模災害等により，通常の輸出が行われなくなった場合の影響である。この結果，食料を生産するための肥料費が上昇し，食料価格が上昇する可能性がある。

　第5に，原油価格の高騰による影響である。燃料費上昇に伴い食料価格が影響を受ける可能性がある。また，原油の代替エネルギーとしてのバイオ燃

（7）スイスは，国土に占める耕地面積の割合が日本と同等程度であり，実に，国土の4割が標高1,300mを超えており，条件不利地域での農業生産となるため，競争力は低いとされている。このようなスイスは，2017年，食料安全保障の新たな条項を憲法に位置づけるなど，食料安全保障に対する関心は非常に高く，本稿で事例として取り上げる意義があると考える。

料の需要動向にも影響を及ぼす可能性がある。

第6に，食料輸出国は，自国で不測の事態が発生した場合，GATT（関税及び貿易に関する一般協定）第11条第2項に基づき，国内需要を満たすために一次的に輸出制限・禁止措置を課すことが認められていることの影響がある。

（2）食料の国内生産に影響を及ぼす可能性がある主な要因

第1に，EPA/FTAの進展の影響である。日本のEPAについては，2002年11月に発効されたシンガポール以来，20のEPA/FTAが発効されている（外務省，2022）。一般論として，EPA/FTAが発効されれば，関税の削減・撤廃が求められ，国内対策が必要となる可能性もある。

第2に，食料安全保障に対する国民の意識からの影響である。現在，ロシアによるウクライナ侵攻により，政治的にも食料安全保障に関心が高まり，自民党において，「食料安全保障の強化に向けた提言」が取りまとめられるなど，食料安全保障の関心は非常に高まっていると考えられる。

第3に，食料の安定供給を確保するためには，食料自給率・食料自給力[8]の維持向上が求められており，双方とも重要であるものの，制度的な位置づけが異なっている影響である。食料自給率については，制度的には，基本法第15条において，食料・農業・農村基本計画（以下「基本計画」）を定め，その基本計画には食料自給率の目標を定めることとされており，政策的に重要視されている。また，食料自給力については，2015年（平成27年）3月に

---

[8] 食料自給力とは我が国農林水産業が有する食料の潜在生産能力を表すものとされている。農産物は農地・農業用水等の農業資源，農業技術，農業就業者から，水産物は潜在的生産量，漁業就業者から構成されていると捉え，これらを最大限活用することを前提として，そこから得られる最大限の熱量を求めている。生命と健康の維持に必要な食料の生産を複数のパターンに分け，栄養バランスを一定程度考慮した上で，それぞれの熱量効率が最大化された場合の国内農林水産業生産による1人・1日当たり供給可能熱量により示すとされている（農林水産省（2021））。

閣議決定された「食料・農業・農村基本計画」において，初めて指標化されたものであり，基本法における位置づけはない。このため国民の受け止め方が異なっている可能性があると考えられる。

　第4に，食料の国内生産力の影響である。日本の耕地面積[9]については，1996年には500万haを割り込んで約499万haとなり，2021年には約435万となっており，減少傾向にある。また，耕地面積のうち，かい廃面積が毎年約3万ha生じている。さらに，2018年度の基幹的農業従事者の平均年齢が約68歳であり高齢化が進んでいる。加えて，総農家数は，2000年の約312万戸から2020年の約175万戸に減少している。このため，食料の国内生産力の持続・拡大については，従来からの生産性向上を追求することも必要であるが，例えば，フランスのEgalim法[10]に規定されているような生産者や取引相手などとの適正な価格形成のための措置も検討する必要があると考える。

　第5に，食料の国内生産を行うために必要な諸外国からの輸入に依存している肥料等の生産資材の影響がある。特に，ロシアのウクライナ侵攻により，肥料価格の上昇により，その結果，日本で生産される食料のコストの増加要因につながっていると考えられる。

　第6に，ゲノム編集，フードテック，ロボット技術や情報通信技術（ITC）を活用したスマート農業などの先端技術の研究開発の影響である。特に，地球温暖化による影響，人口増加による食料増産等の対応のために，

（9）農地の所有権について問題もある。株式会社による農地の取得を無制限に認めた場合，例えば，外国法人がその土地で生産した農作物が全て輸出用として用いられたりすれば，食料安全保障上の問題が生じる可能性がある。また，外国法人が離島などの農地の所有権をほぼすべて掌握した場合などには，食料ではなく，安全保障上の問題が生じる可能性がある。本稿では，紙面の制約から，こうした論点は扱わない。

（10）日本で適用できるかどうかという論点があると考えられるが，フランスにおいて問題点は全くないのかという基本的なことに加え，生産者ごと，品目ごとに生産費が異なることや，実際に取引を行っている民間企業同士の情報公開がどこまで進むのかという重要な点に加え，例えば，補助金などがある場合の適用はどうするのかなど，多くの検討事項があると考えられる。

消費者に受け入れられるゲノム編集，フードテックなどを活用した食料の生産が必要となってくる可能性があると考える。

　以上，世界の食料需給及び日本の国内生産に影響を及ぼす可能性がある主な要因の双方を検討したが，このような要因は，日本の食料安全保障に影響を及ぼす可能性があると考えられる。

4．多面的価値とFAO，スイス及び日本の食料安全保障の考え方

（1）多面的価値と食料安全保障

　多面的価値については，多面的機能よりは広い概念であると考えるが，本稿では，世界人口の増加や地球温暖化の進展など，日本の食料安全保障を取り巻く環境を踏まえ，地球上に存在する限られた食料について，環境への負荷がなるべくかからないよう持続的かつ安定的に生産から流通，分配，消費及び調達に至るまで対応する方法などを含んだものとして取り扱うこととする。このため，食料安全保障との関係を考えた場合，量的及び質的視点の双方があるものの，従来から量的な視点として，食料生産の効率性を追求した生産力の増加が求められてきた経緯を勘案すると，2040年の持続可能な社会に対応するためには，多面的価値を踏まえ，より質的な視点の検討，すなわち，環境への負荷がなるべくかからない持続可能な食料生産が必要であると考える。しかしながら，こうした生産活動を行っても，消費者の購入に結びつかなければ，持続可能にはならない。そこで，消費者は，環境への負荷がなるべくかからない生産方法や輸送方法等により，消費者に届けられるということを意識したエシカル消費に代表されるような行動というものをとることが必要となる。また，分配的視点を考えると，多くの立場が異なる消費者の存在から，必要な食料が量的及び質的に入手できないという問題もある。以上のような取組は，全く新しいことではなく，現行政策との関連においては，環境保全型農業，有機農業，アニマルウェルフェア，食品等の流通合理化，フードバンクや子供食堂への支援などが既に存在している。また，2021

年5月には，農林水産省はみどりの食料システム戦略を策定し，2022年7月1日，環境と調和のとれた食料システムの確立のための環境負荷低減事業活動の促進等に関する法律（みどりの食料システム法）が施行されたところである。

　このような多面的価値を踏まえ，食料安全保障の質的な視点を検討する中で，食料安全保障は公共財としての役割があると考えられる。クルーグマン・ウェルス（2017）によれば，公共財は私的財とまったく正反対で，排除不可能で消費の競合性がない財である。すなわち，便益を享受する対象を排除できないため，市場メカニズムに依存した場合には，例えば，多面的価値としての環境保全，美しい風景，観光などのフリーライダーの問題が生ずる。こうした公共財の供給は，政府による対応が求められ，政府から供給されるということも正当化される場合がある。こうした政府による支援の例は，EUの共通農業政策でみられる。具体的には，EUは，直接支払を受けるためには環境保全等のクロスコンプライアンス（共通遵守事項）を満たす政策を進めている。

　また，多面的価値を重要視すればするほど，食料の生産性が低下する可能性もあると考えられる。この場合，多面的価値について，その対価を支払う消費者や納税者を増やすことにより，例えば，EUのような政府による支援等を通じた取組によって，食料の生産性が低下した分を支える取組が求められる。

　以上のような取組が進めば，食料の生産，流通，分配，消費及び調達に関する持続性という観点が強化され，食料安全保障の質的な視点は強化されると考える。

（2）多面的価値とFAOの食料安全保障の考え方

　FAO（2006）は，「食料安全保障は，全ての人が，いかなる時にも，活動的で健康的な生活に必要な食生活上のニーズと嗜好を満たすために，十分で安全かつ栄養ある食料を，物理的にも社会的にも経済的にも入手可能である

44

ときに達成される（世界食料サミット，1996）」と規定している。

　また，FAO（2006）は，4つの側面（Dimensions）として，①適切な品質の食料が十分に供給されているかという供給面（Food Availability），②栄養ある食料を入手するための合法的，政治的，経済的，社会的な権利を持ちうるかというアクセス面（Food Access），③安全で栄養価の高い食料を摂取できるかという利用面（Utilization），④いつ何時でも適切な食料を入手できる安定性があるかという安定面（Stability）を示している。

　このように，FAOは，いかなるときにも，食料を入手可能であるときに食料安全保障が達成されるという考え方を示しており，栄養という観点はあるものの，多面的価値という視点から考え方が整理されているとは言い難い。

（3）多面的価値とスイスの食料安全保障の考え方

　2017年，スイスは，憲法に新たな食料安全保障の条項を位置づけた[11]。その理由は，スイス連邦政府よると次のとおりである。スイス国民が，常に，十分な量であり，かつ，健康的な食品を容易に入手できる状態になくてはならず，将来の世代まで確実なものとするために，食料安全保障について，未来志向の条文が憲法に規定される必要があった。また，現在の憲法条文では長期間にわたって食料安全保障に取り組んでいくこと，例えば気候変動や人口増加といった問題に対処していくには不十分であり，食料安全保障が憲法に礎をもつことが必要であった。さらに，新たな憲法条文は「農場から食卓へ（from the farm to the fork）」をコンセプトとしているため，消費を含むフードバリューチェーン全体を範囲とした。加えて，新たな憲法条文は，その地域の条件に適応し，自然資源を有効に活用した持続可能な生産による製品を推進するとしているほか，自由貿易の代わりにフェアトレードな推進す

---

(11) 平澤（2017）は，スイスの憲法に規定された食料安全保障について，次の段階の農政改革の指針を提供することになろうと述べている。なお，平澤（2019）は，食料安全保障を重視するスイス農政を分析しているが，食料安全保障が憲法に位置づけられたことや直接支払等の制度の説明をしており，食料安全保障を中心とした分析を行ってはいない。

表2-1　スイス連邦憲法第104a条

連邦政府は、国民への食料の供給を保障するために，a.からe.に必要とされる条件を整備する。
a. 農業生産，特に農地の基盤を保全すること
b. 自然資源を効率的に用いる地域の条件に適合した食料生産
c. 市場の要求に応じた農業及び食料部門
d. 農業及び食料部門の持続的な発展に資する国際貿易
e. 自然資源が保全されるように食料を利用すること

出典：Swiss（2018）「Federal Constitution of the Swiss Confederation」『The Federal
Council The portal of the Swiss Government』を仮訳
（https://www.admin.ch/opc/en/classifiedcompilation/19995395/index.html
（2022年8月21日参照））

ることとした。以上から，スイスの食料安全保障は，持続可能な生産，フェアトレードという点において多面的価値との関係があるといえる。表2-1に憲法条文を示した。スイス国民への食料安全保障を確保するため，5つの事項（a.～e.）を促進するための条件を整備することとされている。スイス連邦政府によると5つの具体的な内容は次のとおりである。「a.」については，生産基盤に関する規定であり，とりわけ農地保護の増加に関し，憲法の根拠を与えるものである。「b.」については，気候や地勢といった地域の耕作条件に適応した国内生産を治めるためのものであり，同時に，食品生産のための潜在性をフルに活用し，自然資源を効率的に活用するものである。「c.」については，市場に関する規定であり，食品センターは，消費者の要求に応えていくべきものである。また，生産者，加工業者及び卸売業者の公正な協力関係が，大きな付加価値を生み出すものである。「d.」については，国際貿易を定める規定であり，国内生産を補うための食品輸入を可能にするものである。「e.」については，消費に関する規定であり，フードチェーン全体での食品ロスを管理するものである。

　以上，食料安全保障が憲法に位置づけられたということは，スイスが食料安全保障を重要視している証であるといえ，多面的価値も重要視していると考えられる。

　また，スイスの農業法第2条では，連邦政府が実行する政策として，①農

産物の生産と販売に有利な状況を作り出すこと，②直接補助によって農家が提供する公共的で環境保護のサービスのために支払うこと，③社会が受け入れられる農業開発を支援すること，④構造改革を支援すること，⑤農業研究，助言サービス，植物と動物の繁殖を促進させること，⑥植物保護と生産への援助使用を規制することが取り上げられている。これらの政策は，高品質，多種及び持続的な国産品に対する消費者のニーズを踏まえ，食料の自給原則を基本（the principle of self-sufficiency with regard to food）とされている。さらに，農業法第72条では，人々に対して信頼のある食料供給を維持するために供給を保障する補助金を支払うとされている。このように，スイスの農業法においては，食料自給を基本としている考え方が示され，多面的価値との関係では環境保護のための支払いが限定されている。

　さらに，スイスでは，セーフティネットである食料備蓄との関連として，憲法第102条があり，不測の事態が発生した場合には，必要な物資とサービスを供給しなければならないこと，事前準備（precaution）しなければならないことも規定されている。食料備蓄に関する法律では，食料単独ではなく，医療品やエネルギーなどの他の品目とともに横断的に備蓄を扱う「国家経済供給法」が整備されている(12)。義務的備蓄である食料は**表2-2**で示した取組が行われている。ここでは，最長４ヶ月の備蓄が必要とされているが，スイス連邦政府は，飲み物と食料について，７日間分の家庭備蓄を推奨している(13)。スイスでは，食料備蓄について，日本のように府省所管物資の縦割りで，農林水産省だけで考えるのではなく，緊急時に国民が必要としている

---

(12)スイスでは，1955年，「経済上の戦争準備に関する1955年９月30日の連邦法」において，連邦政府ではなく，民間が食料を義務的に備蓄することとされている。なお，備蓄する品目は４年ごとに見直されている。なお，食料については，連邦経済教育研究省が所管しており，日本の農林水産省よりも所管しているものが多いという実態もあり，日本の府省のような縦割りということが起こりにくいと考えられる。

(13)日本においても災害時に備えた食品ストックガイドなどを作成し，家庭備蓄を奨励している。

表2-2 スイスの義務的備蓄：食料

品目	備蓄の種類	国内需要の補償範囲
砂糖	義務	3ヶ月
米	義務	4ヶ月
食料油及び脂肪	義務	4ヶ月
コーヒー	義務	3ヶ月
軟質小麦（人間の消費用）	義務	4ヶ月
デュラム小麦（人間の消費用）	義務	4ヶ月
軟質小麦（人間及び家畜用）	義務	3ヶ月
高エネルギー食品	義務	2ヶ月
高蛋白質食品	義務	2ヶ月
窒素肥料（純粋な窒素）	義務	生育期に必要とされる3分の1

出典：Swiss（2019）「Compulsory stock amounts: Foodstuffs」『The Federal Council
The portal of the Swiss Government』を仮訳
（https://www.bwl.admin.ch/bwl/en/home/themen/pflichtlager/pflichtlager
sortiment/pflichtlager_ernaehrung.html（2022年8月21日参照）

ものはなのかという視点に立ち，国全体として，何をどれだけ備蓄するかが
規定されている。このスイスの政策と同様な考え方に関して，本間（2006）
は，食料安全保障は軍事やエネルギーの問題と同様，総合安全保障の一環と
して位置づけることによって，有事法制の中に組み入れるべきとの指摘をし
ている。また，外務省（2010）の報告書においても，同様な考え方が示され
ている。

（4）多面的価値と日本の食料安全保障の考え方

　日本の食料安全保障の考え方については，広義の意味では基本法の規定そ
のものであると考える。その基本法において，多面的価値という視点から主
に関係があると考えられるのは，第3条の見出しにある多面的機能の発揮に
加え，第4条の見出しにある農業の持続的な発展に関する規定である。基本
法第4条では，自然循環機能の維持増進により，農業の持続的な発展が図ら
なければならないとされている。

　日本の食料安全保障の考え方については，狭義の意味では基本法第2条の
見出しにあるとおり，食料の安定供給の確保を重要視していると考えられる。
基本法第2条第1項において，良質な食料が合理的な価格で安定的に供給さ

れなければならないとの規定がある。良質な食料について，安全性だけではなく，環境への負荷がなるべくかからない生産まで踏まえていれば，多面的価値との関連があると考える。合理的な価格について，生産者及び消費者にとっても，双方に利益もたらすという視点であれば，双方が満足するという結果に結び付くと考えられる。基本法第2条第2項において，国民に対する食料の安定供給については，国内の農業生産の増大を図ることを基本とし，これと輸入及び備蓄とを適切に組み合わせて行わなければならないと規定されているが，これは主に量的な視点からの考え方であると考えられる。また，輸入については，調達という視点を考えると，環境への負荷がなるべくかからない生産方法や輸送方法等によるものであるのかということは加味されていないと考える。基本法第2条第3項において，食料の供給は，農業の生産性の向上を促進しつつ，農業と食品産業の健全な発展を総合的に図ることを通じ，高度化し，かつ，多様化する国民の需要に即して，行わなければならないと規定されており，仮に，国民が多面的価値に理解を示し，これに関連した需要を高めることができれば，食料安全保障に資することにもつながると考える。

5．通商規律と食料安全保障

　日本は，食料安全保障を確保するため，①食料安全保障に係る状況の把握，②平時からの食料の安定供給の確保・向上，③不測時の対応にそれぞれ取り組んでいる。こうした食料安全保障の取組については，WTO及びEPA/FTAの交渉結果に影響を受ける可能性が高いと考えられる。そこで，WTO及びEPA/FTAと食料安全保障との主な関係を整理する。

（1）WTO

　WTOの農業に関する協定（以下「WTO農業協定」）と食料安全保障の関係が最もあると考えられるのは，WTO農業協定における国内助成の規律で

ある。WTO農業協定附属書二の国内助成では，削減に関する約束の対象からの除外が列挙されている。そのうち，食料安全保障という表現そのものが使用されているのは，食料安全保障のための公的備蓄であり，政府による食料の購入はその時の市場価格で行い，備蓄からの食料の売却は産品及び品質に係るその時点における国内市場価格を下回らないとされている。また，食料安全保障における多面的価値と関連があると考えられるのは，環境に係る施策による支払及び地域援助に係る施策による支払であり，支払額は政府の施策に従うことに伴う追加の費用又は収入の喪失に限定されている。これは，環境や不利な地域に配慮した食料生産を行った場合には，その分コストが増加するために，そうしたコスト増分を補填するという考え方に基づくものである。これらは，いずれも，緑の政策として位置づけられており，国内助成の削減対象外とされている。

　このように，WTO協定では，そもそもの考え方として，貿易歪曲的な効果が全くないか最小限であることなどの要件を満たすことが必要とされている。したがって，食料安全保障に直接関連する国内助成が持続可能な社会の構築に向けて有益であるとしても，貿易歪曲的という視点から，判断されることになる。ただし，デミニミス及びAMS（助成合計量）の範囲内では，削減対象とされている国内助成も使用できることから，すべての国内助成が使用できないことではない。

2）EPA/FTA

　EPA/FTAでは，萩原（2019）が指摘しているとおり，WTOと異なり，国内助成の規律を求められることがないなど，柔軟な対応が可能である。また，日本は，食料安全保障に関し，日豪EPAにおいて食料供給章を設けた。こうした方針は，外務省（2010）の報告書の指摘どおり，今後，日本として諸外国の輸出規制をEPA/FTA交渉によって対処していくことも有益である。ただし，その内容については，輸出規制が努力義務であること，重要な食料の輸出量について著しい減少が予見される場合には通報することなどとなっ

ている。このため，現実には極めて困難と考えられるが，例えば，日本が食料供給に影響が及ぶおそれのある事態に陥り，食料を輸入せざるを得ない場合には，そうした食料を優先して輸入できるような規定（例：トリガー条項）を設けることも検討が必要となろう。そうすれば，国際協定締結が日本の食料安全保障の強化につながると考えられるからである。

（3）食料主権と食料への権利

多面的価値との関係において，食料主権及び食料への権利という考え方がある。これらは，国連等において，考え方を整理し，共有することは有効であるものの，WTO及びEPA/FTA交渉では，自由貿易を進めることが目的になっている。このため，このような考え方は，一般的に非関税障壁として扱われる可能性が極めて高いが，持続可能な社会の構築に向けて有益であるならば，今までのように自由貿易を進めることよりも，食料安全保障を重要視することが求められる。

6．持続可能な日本の食料安全保障のあり方

2040年の持続可能な社会の構築に向けた食料安全保障のあり方を考える場合，多面的価値である質的な視点も踏まえた対応が必要と考えられ，国民に対する食料の安定供給として重要視されている食料の国内生産，輸入及び備蓄についてそれぞれ検討する(14)。

（1）国内生産

食料の安定供給については，国内の農業生産の増大を図ることが基本とされており，今後とも，量的な視点に重点を置く必要があるが，質的な視点，すなわち，環境への負荷がなるべくかからないような生産，流通，分配，消

(14)必要な食料が量的及び質的に入手できない消費者への食のアクセスという分配的視点も重要である。

費及び調達の取組の徹底が必要と考える。同時に，生産者や取引相手などとの適正な価格形成のための措置の検討なども踏まえた食料の国内生産力の持続可能性を重要視する必要もある。ただし，こうした環境負荷低減の取組を進めるためには，関係者の理解と協力が必要となる。例えば，生産者の場合には，収穫量の減少に直面する可能性があり，また，消費者の場合には，価格の上昇に直面する可能性がある中において，双方が受け入れることが求められる。また，食料生産に不可欠な肥料等の農業生産資材が安定的に供給されることや，農業生産ができる状態が継続的に確保されることも重要である。このため，食料の国内生産力の確保に対応する必要があると考える。さらに，国内で生産された食料が，日本国内で必要されているにもかかわらず，諸外国へ輸出する方が利益となる場合の輸出に関するルールの確立も必要と考える⁽¹⁵⁾。

（２）輸入

多くの食料については，民間企業によって多くの輸入が行われている。このため，民間企業のフードバリューチェーンがより強化されることが，食料安全保障につながると考えられる。したがって，日本としては，EPA/FTAの締結を進めるのであれば，民間企業が投資しやすい環境，すなわち，透明性や予見性の高いルールづくりの構築に努める必要があると考えられる。こうしたことに加え，質的な視点も踏まえた対応として，例えば，環境への負荷がなるべくかかっていないかどうかについて，ITC等を活用し，食料の生産や輸送過程などの情報を消費者に対して提供することが重要であると考える。こうした取組を成功させるには，環境への負荷がなるべくかかっていな

---

(15) 日本は，国際交渉において，輸出禁止・制限措置の規律強化を求めているが，食料安全保障上，国内生産を重視するのであれば新たな国内ルールの確立の検討が求められる可能性もある。例えば，日本国内のある食料の需給が逼迫しているにもかかわらず，企業等が日本以外の国の需要を満たすために日本国内で生産した食料を日本国内に供給せずに輸出するとした場合，どのように対応するのかという課題がある。

い食料を選択する消費者の数を増やすことが必要である。

　また，輸出国が食料を輸出できなくなった場合の代替国についても，普段から情報収集を行い，食料の品質・価格だけでなく，港湾施設の取扱い数量も含めた輸出余力など，幅広く最新の情報を収集することや，代替国として考えられる政府などとの信頼関係を構築することも重要であると考える。

（3）備蓄 [16]

　食料備蓄については，WTO協定では，既述したとおり，基本的には市場価格に応じた売買が必要となる。ただし，インドは，貧困層の対策として，市場価格よりも高い価格で食料を備蓄として購入しても，食料安全保障の観点から，こうした措置をWTO協定上，国内助成の削減対象外の措置として認めるよう主張している。これは，国民が飢えないことに重点を置いた主張であり，貿易歪曲的ではない政策と食料安全保障政策のどちらが重要視されるかという問題が含まれていると考えられる。ただし，この問題は途上国の問題であると捉えられているため，先進国の日本として，インドのような対応することは現実には困難である。しかしながら，食料安全保障の価値を重要視している点については，持続可能な社会の構築に向けて評価できると考える。

　また，食料安全保障については，一国だけで考えることが通常であるが，ASEAN＋3緊急米備蓄（APTERR）のように，地域で捉える仕組の構築も進んでいる。具体的には，各国が保有する主食である米の在庫について，緊急時において商業ベース又は食料援助により活用する相互扶助システムが構築されている。こうした取組がより強化されれば，東アジア地域の食料安全

---

(16)農産物の備蓄については，日本では米，食糧用小麦，飼料穀物の備蓄があるが，それ以外の食料について，何をどれだけ備蓄する必要があるのかという論点もある。その場合，備蓄には相応の費用がかかることにも留意が必要である。また，備蓄を行っている倉庫が災害等の発生しやすい地域にある場合には，それ相応の備えも必要となる。

保障がセーフティネットという点で強化されるため，結果的に日本の食料安全保障の強化にも資する可能性があると考える。

　以上のように，備蓄については，セーフティネットという役割から，量的な視点が質的な視点よりも重要視されていると考える。

7．おわりに

　食料安全保障については，食料供給に影響が及ぶおそれのある事態になった時に対処できるよう，平時にどのような備えが必要なのかというバックキャスティング的な考えに基づき，対処すべき政策について最低限考えなければならない。その場合，食料供給に影響が及ぶおそれのある事態になった時ということについて，具体的な例示を提示し，その備えとは何かを考える必要がある。国内の農業生産の増大を持続的に図ることは，食料安全保障が強化されることにつながるため，平時から，対応する必要があることはいうまでもないが，まずは，食料供給に影響が及ぶおそれのある事態[17]ということについて，どのように考えるのかについて，常に議論が必要である。その上で，食料安全保障の強化に資する具体的な取組の議論が必要である。

　食料安全保障について，その重要性を認識して初めて対処するのではなく，平時からその重要性を認識し，備えを怠ることなく対処することで確保されるものであると考える。世界の各国と比べても，比較的容易に欲しい時に欲しい食料が手に入るという日本の状況は，多くの関係者の努力によって，国内外のフードバリューチェーンが構築されていることで成り立っていると考えられる。しかしながら，世界人口の増加，地球の温暖化の進展などによる世界の食料需給の変化や日本の食料の国内生産力の実態などを踏まえると，日本の食料安全保障が大きな影響を受ける可能性も否定できない。このため，

---

(17)例えば，サイバー攻撃によって2021年には米国の食肉加工業者であるJBS
　　Foodsの製造が停止したということも考えるとサイバー攻撃ということにも，
　　食料安全保障上，備える必要があると考える。

2040年の持続的な社会の構築に向けた食料安全保障のあり方を取り上げ，多面的価値を踏まえた分析を行った。

　その結果，環境への負荷がなるべくかからないような持続性も加味した食料の生産，流通，分配，消費及び調達の取組を徹底することが重要であるとの結論に至った。多くの日本国民が，こうした考え方に賛同し，多くの日本国民が世界全体に関わる問題として認識して行動すれば，食料安全保障もより持続的になり，持続的な社会の構築にも貢献するであろう。

　［付記］本文中の意見については，すべて筆者の個人的な見解であり，筆者の所属する組織を代表するものではない。

引用・参考文献

FAO（2006）「Food Security」，http://www.fao.org/fileadmin/templates/faoitaly/documents/pdf/pdf_Food_Security_Cocept_Note.pdf（2020年 6 月26日参照）

古橋元・小泉達治・草野栄一（2019）「世界のフードセキュリティの展開とシフトする穀物等の国際市場構造」『開発学研究』30(2)：7-19

外務省（2010）「我が国の「食料安全保障」への新たな視座」『食料安全保障に関する研究会報告書』，https://www.mofa.go.jp/mofaj/gaiko/food_security/pdfs/report1009.pdf（2022年 6 月26日参照）

外務省（2020）「経済連携協定（EPA）/自由貿易協定（FTA）」，https://www.mofa.go.jp/mofaj/gaiko/fta/index.html（2022年 6 月26日参照）。

萩原英樹（2019）「外部環境の変化と政策対応―EUとの比較から―」『農業経済研究』91(2)：193-206

原洋之介（2011）「東アジアのなかでの日本の食料安全保障とは」木南莉莉，中村俊彦（編）『北東アジアの食料安全保障と産業クラスター』農林統計協会：37

平澤明彦（2017）「日本における食料安全保障政策の形成―食料情勢および農政の展開との関わり―」『農林金融』70(8)，農林中央金庫：2

株田文博（2013）「我が国フードシステムが抱えるリスクに係る数量分析に関する研究」『九州大学学術情報リポジトリ』：1-158　https://catalog.lib.kyushu-u.ac.jp/opac_download_md/1441306/agr751.pdf（2022年 6 月26日参照）

小泉達治（2017）『グローバル視点から考える世界の食料需給・食料安全保障―気候変動等の影響と農業投資―』農林統計協会：134

農林水産省（2021）「日本の食料自給力」 https://www.maff.go.jp/j/zyukyu/
 zikyu_ritu/012_1.html（2022年6月26日参照）

大賀圭治（2014）「食料安全保障とは何か―日本と世界の食料安全保障問題―」『シ
 ステム農学会』30（1）：19 https://www.jstage.jst.go.jp/article/jass/30/1/30_
 19/_pdf/-char/ja（2022年6月26日参照）

ポール・クルーグマン，ロビン・ウェルス（2017）「クルーグマン　ミクロ経済学
 （第2版）」大山道広・石橋孝次・塩澤修平・白井義昌・大東一郎・玉田康成・
 蓬田守弘訳，東洋経済新報社：625

須藤裕之（2014）「グローバル経済下のわが国食品貿易をめぐる諸問題（1）～世界
 的食料需給逼迫とわが国食料安全保障政策のあり方について～」『名古屋文理大
 学紀要』（14）：125. https://www.nagoya-bunri.ac.jp/wp/wp-content/uploads/
 2022/03/2014_14.pdf（2022年6月26日参照）

玉真之介（2022）「日本農業5.0　次の進化は始まっている」筑波書房：1-137

玉真之介・木村崇之（2020）「座長解題」『農業経済研究』92（3）：192-197

豊田隆（2016）『食料自給は国境を超えて―食料安全保障と東アジア共同体―』花
 伝社：10

山下一仁（2022）「食料安全保障の危機：減反廃止しコメ増産を：平時は輸出」『金
 融財政business』（11065）：4-8

第3章

多面的価値の実践に向けた食料消費主体のあり方と情報の役割

下川　哲

1. はじめに

　本章では，多面的価値の実践に向けた食料消費主体のあり方に着目することで，日本における「健康的で持続可能な食生活」のビジョンを提示し，そのような食生活の実践に向けて直面すると思われる課題とその対策について議論する。ここでの「多面的価値」とは，経済的価値に加えて，環境的価値，社会的価値，倫理的価値，文化的価値など複数の価値基準によって測る価値のことを意味している。より具体的には。環境負荷。将来の健康。食品ロス。フェアトレード，気候変動，食文化などが多面的価値に含まれる。また，本章では「消費者」と「消費主体」を区別して使う。消費者とは単に「消費する者」，消費主体とは「自ら熟慮して消費する者」という意味で用いる。そして，食料消費主体とは「自ら熟慮して食料消費する者」を意味する。重要な違いは消費を決める過程にあり，「何をどのように消費するかをきちんと自分で熟慮して決めている」かどうかである。そのため，消費を決める過程は異なっていても，最終的な消費は同じになる可能性もある。

　では，なぜ今，「健康的で持続可能な食生活」を検討する必要があるのだろうか。政策的な理由としては，近年の世界的なカーボンニュートラルへの流れがある。また，より構造的な理由は，昨今のグローバリゼーションと都市化によって，生産者と消費者の物理的および心理的な距離が拡大する一方で，食料生産・物流・消費における国際的な相互依存度は高まり続けている

ためである。このような変化は，フードシステム全体を複雑化し，食料生産
や輸送による環境負荷や食品ロスの増加，国をまたいだ食品安全性，国際食
糧貿易による社会経済的影響など，新たな懸念材料の要因となっている。そ
して，距離の拡大とフードシステムの複雑化により，多くの消費者が食品の
原材料，食料生産や輸送に伴う環境負荷や食品ロスなどについて実感しにく
い状況になっている。結果として，自分の食生活が自分の健康や地球全体・
他国・他地域に与える影響に無自覚な消費者が増えている。そして，健康や
環境に配慮しない食生活は，生活習慣病や医療費の増加，および地球規模で
の環境破壊の要因となっている。このような状況を改善するためにも，身近
で実感できる範囲だけでなく，より広い視野で多面的価値に配慮した食生活
の実践が求められている。また，多面的価値を重視する食料消費主体の割合
が増えることで，消費者志向の動きが強まっているフードシステム全体に対
しても，多面的価値の実践を促す可能性もある（Lusk & McCluskey, 2018）。
　しかし現実には，すべての消費者が食料消費主体になることは期待できず，
多面的価値の浸透にも様々な困難が予想される。そのよう状況において，ど
うすれば「健康的で持続可能な食生活」を推進できるだろうか？最低限必要
なことは，意識的か無意識かにかかわらず，とにかく消費者の行動を変える
ことである。これまでの先行研究から，食料消費行動が情報に大きく影響さ
れることがわかっている（McCluskey et al., 2019）。しかし，そのような影
響が必ずしも望ましい影響とは限らない。たとえ第三者による意図はなくて
も，デジタル技術の発展によって情報入手が容易になったことで，自分に都
合のよい情報だけを集め易くなっている。たとえば，もともと健康志向な人
はより健康志向に，もともと不健康な人はより不健康になり，消費者の両極
化が加速される可能性がある。
　そして，上記のような現象は，従来の経済学で仮定されている合理的な消
費者の枠組みではうまく説明できない。完全情報を仮定すると「情報を与え
る」だけで消費者の行動は合理的に変化するはずだが，現実には行動の変化
がみられない場合も多い。このような現実とのギャップを埋める試みとして，

本章では消費者が限定合理的であると仮定する。たとえば，限定合理性を仮定すると，「情報を与える」だけでは不十分で，「どのように情報を与えるか」も重要になってくる。このような分析的枠組みの違いによって，導出される政策的示唆も大きく異なってくる。

　本章の構成は次のとおりである。第2節では，食生活における多面的価値の実践について議論し，日本における「健康的で持続可能な食生活」のビジョンを提案する。第3節では，そのビジョンと日本の食生活の現状とを比較し，これから必要とされる食生活の変化について整理する。第4節ではビジョンの実現に必要な社会的変化の全体像について概観する。第5節および第6節では，そのような社会的変化を推進する際の課題と対策，および対策における情報とデジタル技術の役割について検討する。第7節では今後の政策や研究のあり方を展望する。

2．食生活における多面的価値の実践とは？

　食品の選択には，普段から様々な要素が複雑に影響している。例えば，普段の食事の選択でも，価格，味，パッケージ，安全性，調理の手間，体調など多数の要素が選択に影響する。しかし，この場合の選択では，消費時にすぐに実感できる価値（個人や家族の短期的効用や，経済的価値など）のみが選択の基準となっており，多面的価値で選択しているとは言い難い。

　食生活における多面的価値の実践とは，普段の食事の選択で，すぐに実感できる価値だけでなく，自分の食生活と関連しているが消費時点では実感しにくい価値（持続可能性や将来の健康など）について少なくとも一つ以上考慮に入れることである。ただ，食事ごとにいちいち考える必要はなく，事前に食生活（行動様式）について熟慮しておき，普段は事前に決めた食生活に従うだけで充分である。たとえば，毎朝リンゴを食べると決めたら，後はそれに従うだけで，りんごを食べるかどうかを毎朝考える必要はない。

　一方，2040年までのビジョンを提示する上で，多面的価値の全ての側面に

ついて議論するのは現実的ではない。そのため，本章では多面的価値の中でも，比較的優先順位が高いと考えられる持続可能性と健康の側面に注目する。このことは他の側面について全く配慮しないというわけではない。日本における生産可能性，価格の手ごろさ，安全性，公正性，文化的な受容性などについても可能な限り配慮しつつ，日本における「健康的で持続可能な食生活」の提案を目指すということである。

（1）持続可能性について

　本章では日本における持続可能性に主眼を置きつつ，地球規模での持続可能性を高めるために日本在住の食料消費主体として何ができるかについて考えていく。まず，FAO（2018）や矢口（2009）に従い，持続可能性を，環境的，経済的，社会的の3つの側面に分けて定義する。環境的持続可能性とは，自然環境への負担を最小化し，負荷許容量の範囲内で利活用し，環境や生態系を保全するシステムのことである。経済的持続可能性とは，各主体が，公正かつ適正な運営ができ，経済的に成り立つシステムのことである。そして，社会的持続可能性とは，人間の基本的権利，生活の質，社会的多様性を確保できるシステムのことである。これら3つの側面をバランスよく高めることで，持続可能性を高めることができる。

　理想は，3つの側面がバランスよく高まり，高い持続可能性を実現することである。しかし，現状では3つの側面全てを同時に改善できるような方策はない。この場合，現時点で到達度が低い側面を優先的に高めていく必要がある。そして現状では，経済的持続可能性と社会的持続可能性に比べて，環境的持続可能性の到達度が低いのではないかと考えている。つまり，3つ全ての側面を高めていく必要があるものの，現状では環境的持続可能性を改善する方策を優先的に考え，そのような方策から派生する問題を補完するように他の方策を組み合わせる必要がある。この判断基準に従い，次項から健康的で持続可能な食生活について検討していく。

（2）健康的で持続可能な食生活の指針

　日本における健康的で持続可能な食生活のビジョンを提案するにあたり The EAT-Lancet Commission（2019）（EATランセット委員会）および FAO（2018）で提言されている「健康的で持続可能な食生活」に関する指針を参考にする。ただ，これら指針は途上国も含めた包括的な指針のため，全ての指針が日本にとって参考になるわけではない。そのため，**表3-1**（第1行）に日本の食生活と関連性の高いと思われるFAOの指針を，（1）健康状態の改善，（2）生産・流通による環境負荷削減，（3）食料消費行動による環境負荷削減，の3つの基準に分けて抜粋した。

　EATランセット委員会とは，食に関わる様々な専門分野の研究者で構成

表 3-1　「持続可能で健康的な食生活」に関する FAO 指針と日本におけるビジョン

1．FAO による「持続可能で健康的な食生活」に関する指針	2．日本における「持続可能で健康的な食生活」のビジョン
（1）健康状態の改善 ・ 多種類の食べ物をバランスよく食べる。 ・ エネルギーの必要量と摂取のバランスをとる。 ・ 穀類，イモ類，マメ類，野菜類，果物類を毎日食べる。 ・ タンパク質源として無塩のナッツ類を消費する。 ・ 菓子類など，脂肪・砂糖・塩を多く含み，微量栄養素が乏しい食品の消費は最小限にする。 ・ 油脂類の消費におけるn-6系脂肪酸の割合を減らし，n-3系脂肪酸の割合を増やす。	**（1）健康状態の改善** ・ 毎日，最低1食はお米を食べる。 ・ 玄米食の割合を増やす。 ・ 毎日，野菜，果物，大豆製品（豆腐，納豆，きなこ，豆乳など），または乳製品を食べる。 ・ えごま油（しそ油），アマニ油，なたね油，こめ油の割合を増やす。 ・ イモ類，豆類，ナッツ類を毎週食べる。
（2）生産・流通による環境負荷削減 ・ 傷んだり腐ったりしにくい，できるだけ輸送エネルギーを使わない食品を食べる。 ・ 精製度や加工度の低い食料品を選ぶ。 ・ 超加工食品や飲料の消費は最小限にする ・ 環境負荷が高く健康リスクにつながる食品（肉類，魚介類，乳製品など）の消費はほどほどに。 ・ 魚介類の消費は認証済みの品を少量消費。 ・ 飲料は主に水道水を飲む。	**（2）生産・流通による環境負荷削減** ・ できるだけ地元産，国産，近海産を消費する。 ・ 旬の野菜と果物を食べる。 ・ 肉よりも魚（できれば海のエコラベル付）を食べる。 ・ 肉の中でも，牛肉や豚肉よりも，鶏肉や卵を食べる。 ・ 鶏肉や魚介類や卵などを食べるのは，週3回ほど。 ・ 鶏肉以外の肉類を食べるのは，月3回ほど。 ・ 超加工食品・飲料の消費は最小限にする。
（3）食料消費行動による環境負荷削減 ・ プラスチックバッグや包装紙の使用は最小限に。 ・ ハウス栽培よりは露地栽培の農作物を選ぶ。 ・ 食事の準備や買い物などに関わる性差をなくす。	**（3）食料消費行動による環境負荷削減** ・ 買い物に行く前に献立を決めて，必要な食材と分量を確認しておく。 ・ 買い物での過剰包装はさけ，買い物袋を持参する。 ・ 男性ももっと食事の準備をする。

注：超加工食品とは，家庭で調理する時には使わない，名前も聞いたことないような原材料（着色料，甘味料，保存料といった食品添加物）を含んでいる食品。たとえば，即席麺，大量生産で包装されたパンや菓子，シリアル食品，冷凍食品，ジュースなど。

表3-2　EATランセット委員会による基準

1日1人あたり（g）		EAT ランセット委員会 の基準（摂取量）	（許容範囲）
穀類		232 g	
イモ類		50 g	(0-100)
野菜		300 g	(200-600)
果物		200 g	(100-300)
乳製品		250 g	(0-500)
タンパク質源	牛と羊	7 g	(0-14)
	豚	7 g	(0-14)
	鶏	29 g	(0-58)
	卵	13 g	(0-25)
	魚	28 g	(0-100)
	豆類	75 g	(0-100)
	ナッツ類	50 g	(0-75)
脂質	不飽和脂肪酸	40 g	(20-80)
	飽和脂肪酸	11.8 g	(1-11.8)
添加糖類		31	(0-31)

出所：Wilett et al.（2019）のデータを著者が編集。

された委員会で，科学的な根拠に基づいて，2050年までに達成すべき「健康的で持続可能な食生活」の基準を提案している。**表3-2**に提案内容をまとめている。この内容に沿った食生活を実践するためには，牛肉もしくは豚肉を食べる頻度は月三回程度，鶏肉や魚や卵などは週三回程度に抑える一方で，穀類，野菜，果物，大豆製品，および乳製品は意識的に毎日食べる必要がある。

　また，ＦＡＯ（2018）では，望ましい食生活の具体例として，地中海式の食事を紹介しており，欧米諸国でも地中海式食事法が注目されている。より具体的には，以下の７点が高く評価されている。(1) 全粒穀物，野菜，果物を毎日たくさん食べる。(2) 油は「一価不飽和脂肪酸」や「n-3系脂肪酸」を多く含むオリーブオイルを使う。(3) ナチュラルチーズとヨーグルトを毎日食べる。(4) マメ，ナッツ，イモ類を毎週食べる。(5) n-6系脂肪酸を多く含む肉よりも，n-3系脂肪酸を多く含む魚の消費量が多い。(6) 赤肉（牛や豚）よりも，鶏肉や卵を食べる。(7) 塩分を含まない，オリーブオイル，ハーブ，ヨーグルトなどで味付けする。また，食生活指針では食品群の摂取頻度について，穀物，野菜，果物などは毎日摂取，鶏肉や魚介類や卵などは週２〜３回摂取，鶏肉以外の肉類は月２〜３回摂取を推奨している。

　しかし，欧米諸国では持続可能な地中海式食事法も，日本では必ずしも持続可能とはいえない。欧米諸国と異なり，日本国内での生産量が少ない食品も多く含まれており，それら食品を欧米から輸入することは環境的持続可能性の視点から望ましいとはいえない。特に，日本においてオリーブオイルや乳製品を毎日たくさん消費するのは，生産量や価格面から考えて非現実的である。そのため本章では，地中海式食事法を参考にしつつ，より日本の気候と風土に合った日本における健康的で持続可能な食生活を提案したい。

（3）日本における「健康的で持続可能な食生活」のビジョン

　本章では，消費者への伝わりやすさを重視し，食品群の摂取量や摂取頻度に基づいたビジョンを提案する。また，食事だけでなく食生活に関する提案なので，食事の準備や買い物などの生活に関する提案も含む。表3-1（第2行）に，日本における「健康的で持続可能な食生活」のビジョンをまとめている。健康状態の改善のために，タンパク質源として植物性タンパク質の割合を増やすために，大豆製品，豆類，ナッツ類の消費を勧めている。えごま油・アマニ油，魚，ナッツなどの推奨は，n-6系脂肪酸を減らし，n-3系脂肪酸の割合を増やす目的がある。肉類および超加工食品・飲料の消費を抑制するのも，健康への悪影響を避けるためである。

　二つ目は，食品の生産・流通による環境負荷の軽減である。地元産，国産，近海産を勧めるのは，輸送エネルギーを減らし，環境負荷を軽減するためである。MSC認証の魚介類を進めるのも同様の理由である。一方で，地元産や国産だけでは食の多様性や安定供給に不安が残るため，できる範囲でかまわない。また，旬の野菜や果物を推奨するのは，ハウス栽培などと比べて生産にかかるエネルギーを節約でき，値段も安くできるためである。また，牛や豚よりも鶏肉や卵のほうが，生産に必要な資源および環境負荷が少なく値段も安い。また，肉類の生産は他の食品群と比べてより資源消費型で環境負荷も高いため，全体の摂取量と摂取頻度を抑制する必要がある。

　三つ目は，食料消費行動による環境負荷の軽減である。特に，食品ロスと

プラスチックバックの削減に注目している。買いすぎは直接廃棄に，作りすぎは食べ残しの原因になるため，事前に献立やレシピを決めてから買い物することで「買いすぎ」と「作りすぎ」を減らせる。また，買い物袋を使い，過剰包装を減らすことで，プラスチックバックなどの使用量を削減できる。

　最後に，全ての判断基準に関連する提案として，「男性ももっと食事の準備をする」がある。一般的な傾向として，外食や中食よりも，家庭料理の方が食品の加工度も低く，より健康的で持続可能な食事にできる場合が多い。そして，共働き世帯が増える中，家庭料理を食べる頻度を増やすためには，食事の準備を女性のみに頼るのではなく，男性ももっと積極的に料理する必要がある。この提案は，独身男性でも自炊の頻度を増やすことを勧めている。男性がもっと食事を準備することで，食生活について自ら考える機会を増やすことも目的の一つである。

3．日本における食生活の現状と課題

　この節では，日本の食生活の現状と前節で提案したビジョンを比較し，ビジョン達成のために必要な食生活の変化について整理する。現状の検証には，2016年と2001年に実施された国民健康・栄養調査のデータを用いる[1]。特に，食品群の摂取量，摂取頻度，食品を選択する際に重視する点に注目して比較する。

（1）食品群摂取量と栄養素摂取量

　国民健康・栄養調査のデータを使い，**表3-3**に食品群の摂取量の2001年から2016年までの推移をまとめている。健康と環境負荷の両方に影響するビ

（1）2019年度現在，国民健康・栄養調査の報告書は2017年の調査まで公表されているが，著者が入手できる個人レベルデータの最新が2016年である。また，2001年度（平成13年）より食品群の分類が変更されたため，2016年と直接比較できる最も古い年度である2001年度を選んだ。

表 3-3　食品群の摂取量の推移, 2001-2016

	全体 (20歳-69歳)					男性 (20歳-69歳)					女性 (20歳-69歳)				
	2016		2001		2016-2001	2016		2001		2016-2001	2016		2001		2016-2001
	平均	SD	平均	SD	差	平均	SD	平均	SD	差	平均	SD	平均	SD	差
穀類 (g)	436	183	477	185	-41 ***	518	193	556	197	-38 ***	364	138	408	141	-44 ***
米類 (g)	323	187	366	193	-42 ***	398	202	440	208	-42 ***	258	143	300	150	-42 ***
小麦類 (g)	103	109	103	111	0	109	119	105	120	4	97	99	101	103	-4 **
いも類 (g)	52	67	61	73	-8 ***	54	70	62	76	-8 ***	51	65	60	70	-9 ***
豆類 (g)	63	78	58	69	5 ***	65	82	60	73	5 ***	62	74	57	66	5 ***
野菜類 (g)	272	169	292	171	-20 ***	282	179	300	175	-19 ***	264	160	285	167	-21 ***
果実類 (g)	85	119	124	153	-39 ***	73	118	104	151	-31 ***	96	120	142	152	-46 ***
魚介類 (g)	68	70	102	90	-34 ***	76	78	116	99	-39 ***	61	62	90	79	-29 ***
海草類 (g)	11	22	14	28	-3 ***	11	21	14	27	-2 ***	11	23	14	29	-3 ***
肉類 (g)	101	79	80	71	21 ***	119	89	94	79	24 ***	85	65	67	60	18 ***
牛肉 (g)	14	35	13	330	2 ***	18	41	17	39	1	12	29	9	26	3 ***
豚肉 (g)	41	52	32	445	8 ***	47	58	38	50	10 ***	35	45	28	39	7 ***
鶏肉 (g)	29	53	21	408	8 ***	35	61	25	46	10 ***	25	44	18	35	7 ***
卵類 (g)	37	36	37	36	0	41	39	40	38	1	34	33	35	35	-1 *
乳類 (g)	102	132	146	179	-44 ***	88	130	126	176	-37 ***	114	133	163	179	-49 ***
油脂類 (g)	11	10	12	10	-1 ***	13	11	13	11	-1 ***	10	9	11	9	-1 ***
嗜好飲料類 (g)	686	517	592	476	94 ***	775	586	694	547	81 ***	608	432	502	381	107 ***
観測数 (人)	15,657		8,172			7,291		3,821			8,366		4,351		

資料：国民健康・栄養調査 2016 年, 2001 年より著者が集計。SD=標準偏差。

ジョンとの差は，男女ともに肉類の過剰摂取である。豚肉と鶏肉の摂取量は2001年以降大きく増えており，特に豚肉の摂取量増加は問題である。また，主に健康に影響するビジョンとの差は，野菜類と果物類の摂取不足である。さらに，2001年以降，男女ともに野菜類と果物類の摂取量が大きく減少している。最後に，主に環境負荷に影響するビジョンとの差は，米類の摂取量が減り，パンや小麦類に置き換えられている点である。小麦類の多くが海外から輸入されており，米と比べて製品の加工度も高く，生産や輸送のエネルギー効率の点から，米類の摂取量を維持したい。

　このような食品群の摂取量の推移は，栄養素摂取量の推移にも影響している。**表3-4**に，三大栄養素と脂肪酸の摂取量の2001年から2016年までの推移をまとめている。全体のエネルギー摂取は減少しているが，三大栄養素の中で総脂質の摂取量だけが増えている。この傾向は男性で特に顕著である。さらに，**表3-5**では微量栄養素の摂取量の2001年から2016年までの推移をまとめている。日本食の問題である食塩のとりすぎは2001年以降改善しているものの，2016年でも推奨されている 8 g 未満を上回っている。

　また，厚生労働省による「日本人の食料摂取基準」の目安量に達していない微量栄養素として，カリウム，カルシウム，マグネシウム，亜鉛，ビタミンA，ビタミンD，ビタミンB1，ビタミンB2，ビタミンB6（男性のみ），ビタミンCがある。これら微量栄養素の摂取量は2001年以降減少しており，野菜類と果物類の摂取量の減少の結果だと思われる。

（2）食品群の摂取頻度

　2017年の国民健康・栄養調査では新たに，主要な食品の一か月間の摂取頻度を調査している。**表3-6**は，平成29年国民健康・栄養調査報告書にある第64表の 1 から 9 の内容を20歳から69歳に注目してまとめたものである。摂取頻度からみても，約60％の人が肉類を食べすぎており（週 3 回より多い），野菜類の消費は不足している（毎日より少ない）。肉類の摂取頻度については大きな男女差は見られないが，緑黄色野菜とその他の野菜の摂取頻度は女

表 3-4　三大栄養素の摂取量の推移, 2001-2016

	全体 (20歳-69歳)					男性 (20歳-69歳)					女性 (20歳-69歳)				
	2016		2001		2016-2001	2016		2001		2016-2001	2016		2001		2016-2001
	平均	SD	平均	SD	差	平均	SD	平均	SD	差	平均	SD	平均	SD	差
エネルギー (kcal)	1,902	565	1,990	579	−87.8 ***	2,144	591	2,218	605	−74.7 ***	1,691	444	1,789	472	−97.8 ***
炭水化物 (g)	254	82	276	85	−22.3 ***	284	88	303	90	−19.1 ***	228	66	253	72	−24.9 ***
総たんぱく質 (g)	70	23	75	25	−5.6 ***	77	25	82	27	−5.8 ***	64	20	69	22	−5.5 ***
動物性たんぱく (g)	38	19	41	20	−3.0 ***	42	20	46	22	−3.6 ***	34	16	37	18	−2.5 ***
植物性たんぱく (g)	32	11	34	12	−2.6 ***	35	12	37	12	−2.2 ***	29	10	32	11	−3.0 ***
総脂質 (g)	58	24	56	24	2.7 ***	63	26	60	26	3.7 ***	54	22	52	22	1.9 ***
動物性脂質 (g)	29	17	27	16	2.4 ***	32	19	30	17	2.8 ***	27	15	25	14	2.0 ***
植物性脂質 (g)	29	16	29	16	0.3	31	17	30	16	0.8 **	27	14	28	15	−0.2
飽和脂肪酸 (g)	15.6	7.6	13.9	7.2	1.7 ***	16.6	8.0	14.5	7.5	2.1 ***	14.7	7.1	13.3	6.9	1.4 ***
一価不飽和脂肪酸 (g)	20.3	9.6	18.7	9.2	1.6 ***	22.4	10.4	20.2	9.7	2.2 ***	18.5	8.4	17.4	8.4	1.1 ***
多価不飽和脂肪酸 (g)	12.5	5.8	13.4	6.3	−1.0 ***	13.7	6.3	14.5	6.6	−0.8 ***	11.4	5.2	12.5	5.8	−1.1 ***
n-3系脂肪酸 (g)	2.2	1.5	—	—	—	2.5	1.6	—	—	—	2.1	1.4	—	—	—
n-6系脂肪酸 (g)	10.0	4.9	—	—	—	11.0	5.3	—	—	—	9.1	4.4	—	—	—
観測数 (人)	15,657		8,172			7,291		3,821			8,366		4,351		

資料：国民健康・栄養調査2016年、2001年より著者が集計。SD=標準偏差。

表 3-5　微量栄養素摂取量の推移, 2001-2016

	全体 (20歳-69歳)					男性 (20歳-69歳)					女性 (20歳-69歳)				
	2016		2001		2016-2001	2016		2001		2016-2001	2016		2001		2016-2001
	平均	SD	平均	SD	差	平均	SD	平均	SD	差	平均	SD	平均	SD	差
ナトリウム (g)	3.9	1.5	4.8	1.9	−0.9 ***	4.3	1.7	5.1	2.0	−0.8 ***	3.6	1.4	4.5	1.4	−0.9 ***
食塩相当量 (g)	9.9	3.9	12.1	4.9	−2.2 ***	10.8	4.2	12.9	5.1	−2.1 ***	9.1	3.5	11.4	4.6	−2.3 ***
カリウム (g)	2.2	0.9	2.5	1.0	−0.3 ***	2.3	0.9	2.5	1.0	−0.3 ***	2.1	0.8	2.4	1.0	−0.3 ***
カルシウム (mg)	480	253	523	269	−42 ***	482	256	523	271	−41 ***	479	250	522	266	−43 ***
マグネシウム (mg)	242	92	270	101	−28 ***	257	96	285	104	−28 ***	228	85	256	97	−28 ***
リン (mg)	976	335	1065	367	−90 ***	1051	352	1148	385	−97 ***	911	305	993	333	−83 ***
鉄 (mg)	7.6	3.1	8.4	3.4	−0.9 ***	8.0	3.2	8.8	3.5	−0.8 ***	7.2	3.0	8.1	3.3	−0.9 ***
亜鉛 (mg)	8.0	2.9	8.6	3.2	−0.6 ***	9.0	3.1	9.6	3.4	−0.6 ***	7.3	2.4	7.8	2.8	−0.6 ***
銅 (mg)	1.1	0.4	1.3	0.6	−0.2 ***	1.2	0.5	1.4	0.6	−0.2 ***	1.0	0.4	1.2	0.5	−0.2 ***
ビタミンA (μgRE)	504	701	983	908	−479 ***	527	814	1005	1019	−478 ***	483	583	964	797	−481 ***
ビタミンD (μg)	7.3	8.6	8.9	9.6	−1.5 ***	7.7	8.8	9.6	10.4	−1.9 ***	7.0	8.3	8.2	8.8	−1.2 ***
ビタミンB1 (mg)	0.9	0.4	0.9	0.4	0.0 ***	0.94	0.44	0.95	0.43	−0.01	0.80	0.35	0.84	0.38	−0.04 ***
ビタミンB2 (mg)	1.1	0.5	1.2	0.5	−0.1 ***	1.2	0.5	1.3	0.5	−0.1 ***	1.0	0.4	1.1	0.5	−0.1 ***
ビタミンB6 (mg)	1.1	0.5	1.2	0.5	−0.1 ***	1.2	0.5	1.3	0.5	−0.1 ***	1.0	0.4	1.1	0.5	−0.1 ***
ビタミンB12 (μg)	6.0	6.7	8.1	8.6	−2.1 ***	6.7	7.3	9.1	9.5	−2.4 ***	5.4	6.0	7.2	7.7	−1.8 ***
パントテン酸 (mg)	5.4	2.0	5.7	2.0	−0.3 ***	5.8	2.1	6.1	2.1	−0.3 ***	5.0	1.8	5.4	1.9	−0.3 ***
ビタミンC (mg)	86.4	65.4	107.8	86.1	−21.4 ***	84.0	65.2	100.3	75.7	−16.3 ***	88.5	65.5	114.5	93.8	−26.0 ***
観測数 (人)	15,657		8,172			7,291		3,821			8,366		4,351		

資料：国民健康・栄養調査2016年、2001年より著者が集計。SD=標準偏差。

表 3-6　主要な食品の摂取頻度：20 歳－69 歳，2017 年

	米	パン	肉	魚	卵	大豆・大豆製品	緑黄色野菜	その他の野菜
全体（4,606 人）								
毎日 1 回以上	87%	36%	26%	10%	30%	32%	50%	55%
週 4〜6 回	8%	12%	34%	18%	26%	23%	24%	20%
週 2〜3 回	3%	22%	33%	46%	31%	29%	20%	17%
週 1 回	0.5%	13%	4%	16%	8%	10%	3%	4%
週 1 回未満	1.1%	17%	3.3%	9%	5.2%	7.3%	3%	3%
男性（2,225 人）								
毎日 1 回以上	88%	31%	26%	11%	30%	28%	45%	49%
週 4〜6 回	8%	11%	34%	18%	26%	22%	25%	21%
週 2〜3 回	3%	22%	33%	44%	30%	29%	22%	20%
週 1 回	0.5%	15%	5%	17%	9%	12%	4%	6%
週 1 回未満	1%	22%	3%	10%	6%	9%	3%	4%
女性（2,381 人）								
毎日 1 回以上	86%	40%	25%	11%	30%	34%	56%	61%
週 4〜6 回	9%	12%	34%	18%	26%	23%	23%	19%
週 2〜3 回	4%	22%	33%	47%	31%	29%	18%	15%
週 1 回	0.5%	12%	4%	16%	8%	8%	2%	3%
週 1 回未満	1%	14%	4%	9%	5%	6%	1%	2%

資料：国民健康・栄養調査 2017 年

性よりも男性の方がより少ない。一方，お米は80％以上の人が毎日食べていることがわかる。

（3）食品を選択する際に重視する点

　2014年の国民健康・栄養調査では，食品を選択する際に重視する点について調査している（近年では2014年だけ）。20歳から69歳に注目すると，全体として半数以上の人が重視している点は，割合が大きい順から，「おいしさ」（75％），「好み」（68％），「価格」（66％），「鮮度」（60％），「安全性」（57％）となっている。「季節感・旬」，「栄養価」，「量・大きさ」も約４割の人が重視しており，決して重要でないわけではない。一方，予想に反して，「簡便性」を重視する人は14％しかいなかった。

　男女別にみると，男性よりも女性の方が多くの点を重視する傾向がみられる。男女ともに重視している点として，７割以上が「おいしさ」，約７割が「好み」を選んでいる。一方，男女ともにあまり重視していない点は，「簡便

性」（男性11%，女性17%）と「量・大きさ」（男性32%，女性39%）である。他の点では，男性よりも女性の方が重視する割合が23%〜27%ポイント高い。また，「特になし」が男性には5%もいるが，女性には1.1%しかいない。健康に関連する項目として「栄養価」（男性24%，女性51%）や「安全性」（男性43%，女性69%）があるが，消費者（特に男性）はそれほど重視していないことがわかる。また，環境に関する項目は質問に含まれていなかったが，健康よりも環境への関心が高い可能性は低いと思われる。

　消費者が食品を選択する際に重視する点が，現状のように，「おいしさ」，「好み」，「価格」である限り，消費者の健康や環境への関心が食料消費行動を変えるほど高まるとは考えにくい。このようなビジョンとの隔たりは女性よりも男性の方がより深刻である。

4．「健康的で持続可能な食生活」の実践に向けた社会へ

　本節では，健康的で持続可能な食生活を推進するために必要な社会的変化の全体像について概観する。

（1）食料消費者から食料消費主体へ

　第一に，社会全体における食糧消費主体の割合を増やすことが重要になる。食品の選択は複雑である一方，毎日の身近すぎる選択ゆえに，あまり深く考えずに選択している消費者も多い。例えば，安価で手軽で満腹感を得られるという理由で，とりあえず即席面やファーストフードばかりを食べ続けるような食生活は，「熟慮した食料消費」とはいえない。何も考えていないわけではないが，考えている範囲が狭く近視眼的なため，熟慮しているとは言い難い。

　また，食料消費主体の割合を増やすことで，情報提供などの政策の意義を高められる可能性がある。最終的に消費行動が変わるかどうかは別として，提供した情報を考慮してもらえるかどうかは，政策が効果を発揮するための

必要条件である。一方で，熟慮して行動が変わったとしても，必ずしも健康的で持続可能な食生活を選択するとは限らない。そのため，多面的価値に基づいた熟慮が重要になってくる。

（2）食料消費主体のマインドセットを変える

　第二に，食料消費主体の熟慮する枠組み（マインドセット）の価値観を多面的にする必要がある。つまり，図3-1が示すように，価格や味などのすぐに実感できる価値だけを重視するマインドセット（左図）から，環境・健康・社会・文化などの消費時点では実感しにくい価値も同程度に配慮するマインドセット（右図）に変える必要がある。

　しかし，現実的には消費者全員が多面的価値を尊重する食料消費主体になる可能性は極めて低い。そのため，消費者の主体性やマインドセットにかかわらず，食料消費行動を改善する対策が必要になる。対策の一つとして，食生活に関わる社会的環境の改善が考えられる。

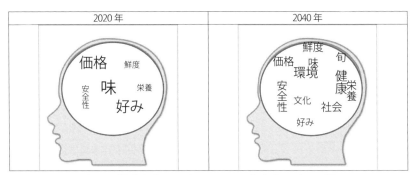

図3-1　消費主体のマインドセットを変えるイメージ

（3）食生活に関わる社会的環境を変える

　第三に，消費者のタイプに関わらず，健康的で持続可能な食生活を促進できる社会的環境を整えることが重要である。たとえば，食品の相対価格，近くのスーパーや飲食店とそこでの品揃え，食品表示，食品広告，食品物流，

メディア，食に関する教育，新技術の社会的受容性，などが食生活に関わる社会的環境に含まれる。例えば，「おいしさ」，「好み」，「価格」だけを重視する消費者の場合でも，「おいしさ」や「好み」は主観的な基準なので，メディアや食品広告の影響で変えることができるかもしれない。また，食品物流を改善し，新しい生産技術を受け入れることで，健康的で持続可能な食品の「価格」も下げられるかもしれない。

　また，社会的環境の変化が消費行動にどのように影響するかは，消費者の特性や介入の仕方によるかもしれない。例えば，上記の主体性とマインドセットに注目することで，消費者を3つのタイプに分けられる：多面的価値を重視する食料消費主体（タイプ1），多面的価値を重視しない食料消費主体（タイプ2），その他の消費者（タイプ3）。まず，タイプ1では，社会的環境とマインドセットの相乗効果が期待できる。次に，主体性のないタイプ3は，周囲の環境に影響されやすく，社会的環境の効果が期待できる。しかし，タイプ2は主体的に多面的価値を重視していないため，社会的環境の効果は限定的かもしれない。このように，より効果的な社会的環境を設計・整備するには，消費者の特性を理解することが重要になってくる。

5．消費者の限定合理性に起因する課題と対策

　本節では，消費者の限定合理性を考慮に入れた上で，前節で提示された社会的変化を推進するための課題とその対策について検討する。従来の経済学の合理的な消費者の枠組みでは，消費者と消費主体はほぼ同義で，消費者は与えられた全情報を使い，瞬時に合理的な判断をすると仮定されている。しかし現実には，消費者の情報処理能力や認知能力には制約があり，そのような制約（いわゆる限定合理性）を考慮に入れた対策が重要だと考えている。

（1）食料消費主体の割合を増やす際の課題と対策

　食品を選択する際に熟慮しない（もしくはできない）要因の一つに自制心の問題がある。消費者の多くは，短期的な満足感を好み，空腹感などの本能

的欲求の影響も受けるからである。それにより，熟慮して「長期的に最適な食生活」を選ぶわけではなく，その場しのぎの「短期的に必要十分な食生活」を選んでしまう。たとえば，昼休みに空腹でランチを探しているとき，より健康的なランチが経済的にも物理的にも入手可能で，そのランチに関する十分な情報を持っていても，つい手近にある不健康なランチを選んでしまうかもしれない。

　このような問題への対策の一つは，買い物の最中に選択するのではなく，事前に熟慮した選択（買い物リストなど）を準備しておくしておくことである。選択を準備するのは自分でも第三者でも構わない。たとえば，学生食堂や社員食堂で一週間分のセットメニューを事前に選択させたり，時間のある時に自宅からオンライン注文したりすることで，食事について考える時間を増やせるかもしれない。

　また，近年の共働き世帯の増加に伴い，家事の性差を改善する社会的圧力はますます高まることが予想され，男性が食事の準備をする機会も増えるだろう。そのような状況とナッジの手法を組み合わせ，女性だけでなく男性も定期的に食事の準備をしたり，事前に献立を考えたりすることで，より主体的に食生活について考える消費者の割合を増やせる可能性がある。

（2）マインドセットを変える際の課題と対策

　マインドセットを変える際の主な問題として，認識の慣性，楽観主義バイアス，デフォルト効果などが考えられる。認識の慣性とは，一時点での認識が惰性的に変化しない性質のことで，現状と人の認識が乖離する要因の一つである。たとえば，世界の食糧・環境・健康問題や技術革新は大きく変化しているが，消費者の認識が過去の認識から変化しなければ，現状と消費者の認識の間に大きな差が生まれる。そのような認識では，食生活に関するマインドセットを変える必要性に気付いてすらもらえないだろう。

　また，楽観主義バイアスによって，消費者は自分に将来起こりうる負の出来事を過小評価する傾向がある。そのため，現状の問題を正しく認識したと

しても，将来の負の影響を過小評価すれば，食生活に関するマインドセットを変える必要性を理解してもらえない。

さらに，たとえ食生活に関するマインドセットが変わったとしても，デフォルト効果によって食料消費行動は改善しないかもしれない。よく見られる消費者の性質として，ある品物を入手するために支払う価格よりも，同じ品物を手放すことを受け入れる価格のほうが，はるかに高くなることがわかっている（評価の非対称性）。このような非対称性により，よく似た代替品への切替え費用が低いもしくは無料であっても，デフォルトの選択肢を選び続ける傾向がある。そのため，同じ食品群の中でより持続可能な食品への代替を促進したい場合で，価格や入手可能性や味に違いはなくても，なかなか代替してもらえないのである。

これら問題への対策の一つは，最初の認識や選択肢に介入することである。たとえば，学校給食や食育などを通して幼少期から持続可能で健康的な食生活をデフォルトと認識させたり，社員食堂や学生食堂でより健康的で持続可能なメニューをデフォルトに設定したりすることが考えられる。

（3）より効果的な食生活に関する社会的環境を整える際の課題と対策

最後に，熟慮せずに食品を選択している消費者を，健康的で持続可能な食生活に導く際の課題と対策について議論する。このような消費者の食料消費は，感情や即時の判断に基づいて決まる可能性が高く，選択・消費時の状況に大きく影響される。例えば，表示方法，仕事のストレス，騒音レベル，照明，食事に集中している度合い，一緒に食事をする人，食品と食品容器のサイズと形状などに影響されることがわかっている（Just, 2011）。そのため，これらの要因を操作することで，健康的で持続可能な食品を選ぶ確率を上げられる可能性が高い。たとえば，健康的で持続可能な食品を手に取りやすくしたり，目立つように表示したりすることで，それら食品により注意を引くことができる。また，ディスプレイや表示はできるだけシンプルにして，気を散らす要素を緩和した方が，消費者がより健康的で持続可能な食品を選択

する可能性を高められる。他にも，食堂や給食での各テーブルに座る人数を減らし，部屋を明るくし，お互いの食事を観察しやすくすることで，共感の影響によって健康的で持続可能な食事を推進できるかもしれない。

　また，よくみられる性質としてメンタル・アカウンティングがある。メンタル・アカウンティングとは，特定の目的に予算を割り当てると，たとえ予算が余っても他の目的には使わず，当初の目的の枠内で予算全額を使い果たそうとする性質である（Just, 2011）。たとえば，生活保護制度などで，現金の代わりに，果物，緑黄色野菜，全粒穀物などの健康的で持続可能な食品の量を指定した食料クーポン券を支給することで，制度参加者の食生活を改善できる可能性がある。

　加えて，消費者は変動費用に比べて固定費用を安く感じる傾向がある（Just, 2011）。たとえば，前払いで特定の品物を一定量購入する場合（固定費）と，同じ品物を現金で自由に購入する場合（変動費）では，前者の方がその品物を消費する量が増える。そのため，例えば，レストランや小売り店で，健康的で持続可能な食品や食事のみに使えるプリペイドカードを割引きで販売することで，健康的で持続可能な食事がより選ばれやすくなる可能性がある。

　最後に，直感的認識が客観的事実とずれることで，食生活の改善による社会的貢献度が大きい消費者に限って，自分の食生活の重要性に無自覚な場合も少なくない。たとえば，以下の2つの場合を比較して，どちらのほうが環境負荷を減らす効果が大きいか考えてみてほしい。場合1：肉を食べる回数を「2日に1回」から「4日に1回」に減らす。場合2：肉を食べる回数を「毎日（週7回）」から「週5回」に減らす。単純化のために，どちらの場合も1回あたり100gの肉を食べるとする。この質問で，直感的に場合1を選ぶ人も少なくないのではないだろうか。たしかに，場合1の方が，肉の消費量が低く，肉を食べる回数の減少率も大きい。しかし，ここで重要なのは消費量や減少率ではなく，減少量である。場合1では，1日当たりの肉の消費量は50gから25gまで25g減少する。一方，場合2では，1日当たりの肉の消

費量は100gから約71gまで約29g減少し，場合１より減少する量が大きいのだ。つまり，現在よく肉を食べる人ほど，ちょっとした行動の変化で大きな効果を生み出すことができる。このように，本当に重要な人が，限定合理性により自分の重要性に気づかない場合が多々あり，その対策には情報やデジタル技術の活用が有効かもしれない。

6．多面的価値の実践に向けた情報とデジタル技術の役割

　前節で検討した課題への対策を実施する際，情報とデジタル技術には大きく分けて二つの役割が期待される。一つ目は，限定合理的な消費者の認知能力や判断能力などを補完する役割である。図3-2は，リービッヒの最小律とドベネックの桶の概念を使い，消費者の限定合理性，情報とデジタル技術，および健康的で持続可能な食生活の関係を表している。桶が限定合理的な消費者を表し，桶に溜まる水の水面の高さが健康的で持続可能な食生活の到達度を表している。消費者の限定合理性の中でも特に制約の大きい部分（桶側の特に低い部分）を情報提供やデジタル技術（ICTなど）で補うことで，より健康的で持続可能な食生活を達成できる可能性がある。二つ目は，健康的で持続可能な食生活を推進するための社会的環境の設計や働きかけを助ける

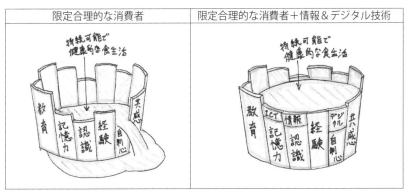

図3-2　消費者の限定合理性，情報とデジタル技術，および持続可能で健康的な
　　　　食生活の関係

役割である。たとえば，デジタル技術を使い，より効果的な社会的環境を設計するための消費者情報を集めたり，より効果的な働きかけを可能にしたりできるかもしれない。

　以下では，関連する既存の政策・制度とメディアの役割について整理した後，デジタル技術に期待される役割について議論する。

（1）食生活指針および食育の役割

　日本の食生活指針と食育の役割は，食生活に対する「認識の基盤」を日本国民の間に作り上げることである。認識の基盤は幅広い食料政策や制度の効果に影響するため，政府内の複数部門が食生活指針や食育を支援・実施し，指針の作成段階から食料政策とのつながりを明確に意識する必要がある。また，インターネットやSNSの普及により食生活に関する様々な情報を容易に入手できるようになったが，その内容は玉石混交で，氾濫する情報を適切に選別および解釈するための基盤を提供することは，政府の重要な役割の一つである。

　日本における食生活指針は平成12年に当時の文部省，厚生省，農林水産省によって連携して策定され，平成28年に改訂された。もともと，社会，健康，文化，食品廃棄などの多面的価値を内包する指針だったが，平成28年の改定によって，多面的価値がより伝わりやすくなった（農林水産省，2016）。また，平成17年に食育基本法が制定され，平成28年には5年計画の「第3次食育推進基本計画」が開始された。

　しかし，現在の食生活指針と食育の内容は「健康的で持続可能な食生活」を十分に反映しているとは言えない。第一に，これは日本だけに限った話ではないが，食生活指針と食育の中で「食が持続可能性や自然環境に与える影響」についてもっと言及する必要がある（Lei & Shimokawa, 2017）。日本の食生活指針と食育では，食品廃棄の文脈で環境負荷に言及しているが，食料は廃棄せずとも生産するだけで環境に負荷をかけ，そのような負荷の大きさは食品の種類によって異なることなども伝えるべきである。また，肉類や

脂肪分の摂取に関しては，「バランスよく」という玉虫色の表現ではなく，推奨する摂取頻度などもっと明確な方向性を示すべきである。さらに，生産や輸送にかかるエネルギー効率の面から，食品群の中でも優先順位をつけていいのではないか。たとえば，肉類の中で牛や豚より鶏肉や卵を推奨し，果物類や野菜類の中でも推奨するグループを明らかにした方がわかりやすい。そして，現状との差が大きな指針（肉類の消費など）に関しては，一連のより達成可能な小さな目標に分割することで，消費者の抵抗感を下げることができるかもしれない。

　加えて，現状の食育の問題点として，あまりに子供の教育に偏りすぎている点がある。デフォルト効果の観点から子供への食育が最優先なことは理にかなっているが，もう少し大人向けの食育もあっていいのではないか。たとえば，これまであまり食事の準備をしてこなかったが，必要に迫られてやらざるを得ない男性も増えてくると予想されるので，そのような男性を対象にした食育もあってもいいかもしれない。また，食事を菜食主義に切り替えたい消費者向けの公的な情報も不足しており，そのような情報も提供できればさらに良いと思われる。

　最後に，食生活指針を周知し食育を広く実施したからと言って，すぐに目に見えるような効果は期待できない。しかし，消費者が食生活を変える必要に迫られたとき（たとえば，高血圧の診断，所得減少など），適切な食生活の知識がある人の方が，ない人よりも，より健康的な食生活を選択するという先行研究がある（Shimokawa, 2013）。この観点から，消費者が必要になった時に「すぐに見つかる」もしくは「すぐに思い出せる」という点も重要になり，そのためのデジタル技術の活用を検討する必要がある（6.4項参照）。

（2）食品ラベルの役割

　食品ラベルの役割は，政策などで消費者に働きかける時の基盤としての情報提供である。食品ラベルだけでは食料消費行動を大きく変える効果はないかもしれないが（Grunert et al., 2014；Shimokawa, 2016など），食品を選ぶ

際の判断材料として必須である。なぜなら，食品の持続可能性や健康に関する属性（産地や生産方法など）の多くは外見からは判断できず，信用に基づいた属性（信用属性）だからである。

　一方で，食品表示ラベルや正式な認証ラベルだけでも既に多くの種類があり（有機栽培，フェアトレード，エコマーク，MSC認証，FSC認証など），さらに企業独自のラベルも加わり，一つの食品に表示されるラベルの数が多すぎるという問題が起きている。Waldrop et al.（2017）やBerning et al.（2020）によると，表示ラベルが多すぎることによる負の影響はみられなかったが，表示ラベルの数が少ない方がラベル一つ当たりの効果は大きいことが示された。そのため，表示するラベルの選別が重要になってくる。また，ラベルの選別や内容を考える際は，他の取り組みとの連携を前提とし，具体的にどの取り組みとどのように連携していくかを明確にする必要がある（たとえば，魚介類のMSC認証）。食品ラベルに含められる情報量は限られているので，連携する取り組みを明確にすることで，ラベルの目的やターゲット層を絞り込み，より効果的なラベルの内容や組み合わせを考えられる。

（3）メディアの役割

　メディア（インターネット，マスメディア，SNS，企業広告など）は現代社会における最も重要な情報の仲買人であり，ほとんどの消費者がメディアを通して食や食生活に関する情報を入手している。またメディアでは，食品ラベルよりも多くの情報を，不特定多数の消費者に，より効果的もしくは印象的に伝えることができ，世論や消費者の認識と行動に与える影響は大きい（McCluskey & Swinnen, 2004 ; McCluskey et al., 2019）。そのため，「健康的で持続可能な食生活」を推進するにあたって，メディアの活用は必須である。しかし，メディアが報道する情報が必ずしも公正で正確とは限らず，そのような特性を理解したうえで戦略的に活用する必要がある。

　たとえば，企業はメディアの影響力をよく理解しており，独自の目的のためにメディアを使って多くの情報を消費者に発信している。そして，営利企

業によって発信される情報は偏っている場合も多く，そのような企業による
テレビ広告などが食生活に悪影響を与える可能性を指摘する先行研究も少な
くない（Dixona et al., 2007など）。さらに，メディアによる報道の偏り（い
わゆるメディア・バイアス）が消費者や政策担当者の認識や行動に影響する
ことで，食料生産や食糧政策に影響する可能性もある（McCluskey &
Swinnen, 2004；Olper & Swinnen, 2013）。

　一方で，メディア側もできるだけ多くの消費者需要を取り込みたいため，
メディアの報道戦略が消費者の好みや偏見に影響される可能性も指摘されて
いる（McCluskey et al., 2019）。たとえば，メディアによる報道は，消費者
の注意を惹きやすいネガティブな情報やセンセーショナルな情報に偏る傾向
がある（McCluskey & Swinnen, 2004：McCluskey et al., 2015）。そのよう
な偏りにより，食品や新技術に関するリスク（健康リスクなど）が過剰に強
調され，消費者の誤解につながったり，消費者の認識が科学的事実から大き
く乖離したりすることが問題視されている（Verbeke & Ward, 2001など）。
さらに，消費者がウェブ上で健康情報を検索する際に情報元の信頼性にほと
んど注意を払っていないという先行研究もあり（Kumkale et al., 2010），情
報の信頼性よりも「ネット上での見つけやすさ」のほうが重要になる可能性
がある。そのため，グーグルなど検索エンジンによる検索結果（順序付けな
ど）が，消費者の食生活に関する情報集合や選好の形成に大きな影響を与え
るかもしれない（Epstein, 2016）。

　このようなメディアの特性を生かして「健康的で持続可能な食生活」を推
進するために，以下のような戦略が考えられるかもしれない。まず，食生活
の実践によるメリットよりは，実践しなかった場合のデメリットを強調する
方が，メディアや消費者からより大きな関心を集められる可能性が高い。ま
た，情報検索エンジンの検索結果において，政府などによる正式な情報提供
サイトが常に上位に表示されるようなルール作りも必要かもしれない。

（4）デジタル技術の役割

　「情報にかかる費用」が「情報から得る便益」より大きい場合，消費者が
そのような情報を無視することは合理的な判断である。そして，デジタル技
術に期待される役割は，情報を入手・処理する機会費用を減らし，情報から
期待される便益についてより効果的に認知させることで，情報を無視する消
費者の割合を減らすことである。本章の文脈では以下の３つの役割が期待さ
れる：(1)消費者が食生活や食品に関する情報を入手・処理するための機会
費用を減らす。(2)政府や企業による食生活や食品に関する情報発信をより
効果的にする。(3)消費者の需要を，生産者・食品産業・メディアなどによ
り効率的に伝える。

　(1)の例として，自動で献立を立てたり，自動で食品ラベルを判定したり
するアプリが考えられる。献立を立てるアプリはすでに多数存在し，とても
便利である。ただ，全体として「おいしさ」や「調理の手軽さ」に重きを置
いたレシピが多い印象である。多面的価値の実践を補助するためには，環境
負荷や食品ロスも考慮に入れたレシピを提案できるアプリが望ましい。たと
えば，事前に持続可能性や健康などの優先する基準を選んでおけば，スー
パーなどでスマホを食品にかざすだけで自動的にラベルを読み取り，その食
品のおすすめ度やレシピを表示してくれるアプリなどが考えられる。また，
食べきれなかった分の適切な保存方法についても簡単に確認できればさらに
良い。

　(2)の例として，デジタル技術の活用による，消費者の特性（性別，年齢，
食の好み，健康状態など）に合わせた，食生活指針の発信などが考えられる。
また，買い物履歴による食生活アドバイスなどの発信も効果的かもしれない。
営利目的や非現実的なアドバイスではなく，「健康的で持続可能な食生活」
に少しずつ近づけるような段階的なアドバイスにすることが重要である。た
とえば，全員に向けて「毎日野菜を食べましょう」と発信するのではなく，
毎日の野菜がトマトばかりの人にはキュウリも勧めたり，和食好きの人には

和食に合う野菜を勧めたり，普段全く野菜を食べない人には野菜ジュースや
ビタミン剤を進めるのも選択肢の一つである。

　（3）の例として，印刷センサーによって食品の温度，位置，真正性などの
データをリアルタイムで提供することや，近距離無線通信（NFC）技術を
介して消費者と通信することなどが考えられる。これにより，よりエネル
ギー効率のよい物流と在庫管理が可能になり，結果として環境負荷も削減で
きる。また，オンラインのオーダーメードなどを通して，健康的で持続可能
な食品の需要を企業に伝えられる可能性もある。現在でも，すでにICTなど
を活用して膨大な消費者データが企業によって収集されており，データ収集
自体は現状のままでも大きな可能性を秘めている。しかし，現状のデータの
使い方には問題が多く改善する必要がある。一部の企業が営利目的のために
利用するだけでなく，より公共の利益に沿った利用法を模索する必要がある。

　これら以外にも，生命保険や健康保険の保険料に「健康的で持続可能な食
生活」の達成度をリンクさせることで，間接的に消費者の行動を変えること
ができるかもしれない。実際に，南アフリカで生まれたVitalityという生命
保険と健康プログラムを組み合わせたサービスがあり（日本では住友生命が
提供），デジタル技術を活用した面白い取り組みの一つである。

7．おわりに―今後の政策と研究にむけて―

　最後に，日本における「健康的で持続可能な食生活」の実現にむけた，今
後の研究と政策の方向性について考察する。まず，これから持続可能性や多
面的価値の実践について研究する際，それぞれの価値を別個に分析するので
はなく，複数の価値の相互関係を考慮に入れて分析することが重要になって
くる。たとえば，「健康的で持続可能な食生活」のビジョンにある提案を別
個にとらえるのではなく，相互の代替性や補完性も考慮に入れることで，よ
り実践可能で効果的な提案ができるかもしれない。より具体的には，食生活
の「肉の摂取量を減らす」と「野菜・果物の摂取量を増やす」は表裏一体の

関係かもしれないし，持続可能性の環境的価値と社会的価値はお互いに補完しあえるかもしれない。

　今後の食料政策においても同様のことが言える。「健康的で持続可能な食生活」を実現するためには，複数の政策や取り組みを組み合わせる必要があり，それらの相互作用を考慮に入れた政策設計が重要になってくる。たとえば，食生活指針，食育，食品ラベルだけでなく，税制や補助金制度，環境保護政策，メディア政策などを含め，より効果的な組み合わせを模索する必要がある。そのためには，農林水産省，厚生労働省，文部科学省だけでなく，環境省や経済産業省などとの連携も必要かもしれない。

　また，日本において「健康的で持続可能な食生活」を実現する上での大きな利点は，日本には既に「和食」という健康的で持続可能な食生活の基盤となりうる食文化があることである。ただ，和食が全面的に持続可能で健康的というわけではなく，現在のフードシステムや生活スタイルに適した形に進化させる必要がある。おいしさや見た目の良さだけでなく，和食の知恵を取り入れた「健康的で持続可能な食生活」を考案するのも，和食の進化の方向性の一つとして面白いのではないだろうか。

引用・参考文献

Berning, J.P., H.H. Chouinard, K. Kiesel, J.J. McCluskey, and S.B. Villas-Boas. (2020) "Consumer and Strategic Firm Response to Nutrition Shelf Labels," *American Journal of Agricultural Economics*, in press.

Dixona, G., M.L. Scullya, M.A. Wakefielda, V.M. Whitea, D.A. Crawfordb. (2007) "The effects of television advertisements for junk food versus nutritious food on children's food attitudes and preferences." *Social Science & Medicine*, 65 : 1311-1323.

Epstein, R. (2016). The new censorship. U.S. News & World Report. https://www.usnews.com/opinion/articles/2016-06-22/google-is-the-worlds-biggest-censor-and-its-power-must-be-regulated.

FAO. (2018) "Sustainable Food Systems : Concept and framework." http://www.fao.org/about/what-we-do/so4.

FAO. (2019) "Sustainable Health Diets" Fischer, C.G., and T. Garnett. (2016) "Plates, Pyramids, Planet", FAO.

Grunert, K.G., S. Hieke, and J. Wills. (2014) "Sustainability labels on food products : Consumer motivation, understanding and use." *Food Policy*, 44 (1) : 177-189.

Just, R.D. (2011) "Behavioral Economics and the Food Consumer" The Oxford Handbook of the Economics of Food Consumption and Policy. Edited by Jayson L. Lusk, Jutta Roosen, and Jason F. Shogren. Oxford University Press.

厚生労働省 (2020)「日本人の食事摂取基準」(2020年版).

Kumkale, G. T., D. Albarracín, and P. Seignourel (2010). The effects of source credibility in the presence or absence of prior attitudes : Implications for the design of persuasive communication campaigns. *Journal of Applied and Social Psychology*, 40 (6) : 1325-1356.

Lei, L. and S. Shimokawa (2017) "Promoting Dietary Guidelines and Environmental Sustainability in China", *China Economic Review*, forthcoming.

Lusk, J.L., and J. McCluskey. (2018) "Understanding the Impacts of Food Consumer Choice and *Food Policy* Outcomes." *Applied Economic Perspectives and Policy*, 40 (1) : 5-21.

McCluskey, J., Squicciarini, M. P. and J. Swinnen. (2019) "Information, Communication, and Agriculture and Food Policies in an Age of Commercial Mass and Social Media," in Blandford, D. and K. Hassapoyannes (eds.), Global Challenges for Future Food and Agricultural Policies, Singapore : World Scientific.

McCluskey, J.J. and J.F.M. Swinnen (2004) "Political Economy of the Media and Consumer Perceptions of Biotechnology." *American Journal of Agricultural Economics*, 86 (5) : 1230-1237.

農林水産省 (2016)「食生活指針」改訂ポイント

Olper, A. and J. Swinnen (2013). Mass media and public policy : Global evidence from agricultural policies. *Policy Research Working Paper* No. 6362. Washington, D.C. : World Bank.

Shimokawa, S. (2013) "When Does Dietary Knowledge Matter to Obesity and Overweight Prevention?" *Food Policy*, 38 (1) : 35-46.

Shimokawa, S. (2016) "Why can calorie posting be apparently ineffective? The roles of two conflicting learning effects" *Food Policy*, 64 (1) : 107-120.

The EAT Lancet Commission. (2019) "Healthy Diets From Sustainable Food Systems", Summary Report of the EAT-Lancet Commission, https://eatforum. org/eat-lancet-commission/eat-lancet-commission-summary-report/.

Verbeke, W. and R. Ward (2001). A fresh meat almost ideal demand system incorporating negative TV press and advertising impact. *Agricultural Economics*, 25 (2/3) : 359-374.

Waldrop, M. E., J.J. McCluskey, and R.C. Mittelhammer. (2017) "Products with multiple certifications : insights from the US wine market." *European Review of Agricultural Economics*, 44（4）: 658-682.

矢口克也（2009）「『持続可能な発展』理念の実現過程と到達点」国立国会図書館調査及び　立法考査局『持続可能な社会の構築　総合調査報告書』, pp15-55.

第4章

多面的価値の実践に向けた
食料消費主体のあり方と情報の役割

氏家　清和

1．日本の食料消費と環境負荷の20年

　人間が生きている限り，環境には負荷を与え続ける。環境負荷の測度はさまざまであろう。本稿では，喫緊の地球規模課題として認識されている温室効果ガス排出の側面から，我々の食料消費がどの程度環境負荷を発生させているのか，まず確認したい。

　図4-1には，家計調査における食料中分類項目について，支出金額1万円

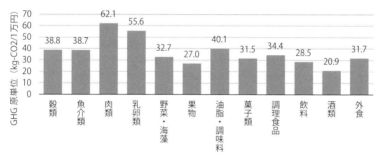

図4-1　食料中分類項目の温室効果ガス排出原単位（購入金額1万円あたり）

注：筆者作成。作成には，国立環境研究所（2013）が提供している購入者価格で評価したグローバルサプライチェーンを考慮した環境負荷原単位による，家計消費403部門別GHG排出原単位を利用した。原単位は2005年産業連関表の基本分類における部門別に算出されているので，産業連関表の部門に家計調査の食料中分類項目を格付けた。つづいて，原単位を産業連関表の家計消費支出部門における部門ごとの投入額の比率により，中分類項目別に加重平均して算出した。なお，本稿で利用した環境負荷原単位の詳細についてはNansai et al. (2012)を参照されたい。

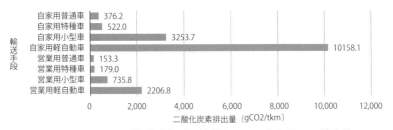

図4-2　輸送手段別の輸送キロトンあたりCO2排出量

注：氏家（2007）。国土交通省「自動車輸送統計年報」，環境省「事業者からの温室効果ガス排出量算定方法ガイドライン」より作成。

ごとの温室効果ガス排出量原単位（二酸化炭素換算値）が示されている。この数値は，国立環境研究所（2013）が提供している，グローバルサプライチェーンを考慮した温室効果ガス排出原単位（c.f. Nansai et al., 2012）を，家計調査における食料の中分類項目に集計しなおしたものである。原単位には，食料の生産に必要な中間投入ならびに輸送や保管などによって発生する温室効果ガス排出量が反映されている。

　これによれば，単位あたりの排出量が多い食品は肉類や乳卵類などの畜産物であり，それぞれ支出金額1万円あたり50kgから60kgの二酸化炭素に相当する温室効果ガスが排出されている。食料の中では肉類や乳卵類の環境負荷が大きいということがわかる。

　井原ほか（2009）を参考に，**図4-2**の原単位に家計調査の食料支出金額を乗じて算出した世帯あたり年間温室効果ガス排出量の推移が**表4-1**に示されている。2000年から2006年ごろまでやや低下しているものの，2011年以降からは上昇傾向に転じ，2019年には2011年と比較して2割以上増加している。

　排出量が高い項目は，肉類，調理食品ならびに外食である。特に肉類と調理食品に起因する排出量は，2011年と比較して2019年では3割以上増加している。ただし，調理食品ならびに外食の値には調理活動に伴う排出が一部包含されていることも考えると，肉類消費は食料消費による環境負荷を削減するうえで重視するべき支出項目といえるだろう。また，肉食については，栄

表 4-1　食料消費による世帯当たり年間温室効果ガス排出量（kg-CO2）

	穀類	魚介類	肉類	乳卵類	野菜・海藻	果物	油脂・調味料	菓子類	調理食品	飲料	酒類	外食	合計
2000	306.0	367.3	374.8	210.0	300.5	104.6	142.7	216.6	318.0	136.0	95.3	597.6	3,169.5
2001	287.9	350.9	345.5	194.3	299.1	101.8	136.2	212.7	315.5	132.8	90.7	572.6	3,040.0
2002	278.4	340.1	345.2	197.0	287.9	95.5	134.0	206.6	311.9	131.6	89.4	581.9	2,999.5
2003	287.7	317.3	348.2	190.8	293.3	90.0	131.4	204.9	312.0	125.5	85.3	543.6	2,929.9
2004	300.2	300.7	355.3	185.4	300.6	93.7	129.3	201.9	309.5	126.5	83.9	563.5	2,950.6
2005	260.8	294.6	370.6	189.9	281.3	91.3	126.6	201.1	312.5	124.3	82.8	550.3	2,886.2
2006	248.3	295.0	368.9	179.2	287.1	89.9	123.5	201.8	315.8	120.8	78.7	532.5	2,841.3
2007	249.1	297.7	385.7	175.6	281.4	98.4	125.9	205.0	317.9	122.8	80.7	550.2	2,890.3
2008	277.3	296.9	422.0	184.9	286.5	89.6	137.2	223.2	324.5	118.0	81.9	565.4	3,007.3
2009	279.5	283.8	405.7	186.9	279.5	84.1	137.6	233.1	324.9	116.0	78.6	538.4	2,948.1
2010	260.5	266.2	384.9	185.4	300.2	89.7	131.8	225.8	323.2	115.7	77.7	528.0	2,889.2
2011	253.6	256.7	388.9	184.6	288.7	89.1	132.4	221.0	331.5	117.3	73.9	522.0	2,859.6
2012	262.2	256.1	377.7	185.5	283.7	93.6	129.6	221.2	340.8	116.7	71.8	527.8	2,866.6
2013	256.0	261.4	397.5	189.1	290.3	91.6	128.8	226.2	340.5	116.2	71.2	545.4	2,914.1
2014	249.7	288.9	458.0	205.5	301.9	98.2	135.2	238.0	367.4	116.8	74.2	561.8	3,095.6
2015	246.0	303.7	496.5	219.1	333.1	108.5	141.6	254.5	395.3	121.4	72.9	588.2	3,280.9
2016	250.1	302.2	504.6	227.1	347.5	117.2	142.7	261.1	418.8	126.0	72.6	575.4	3,345.4
2017	252.5	306.5	516.5	225.5	335.7	113.7	144.6	261.9	425.8	125.9	74.2	575.9	3,358.7
2018	259.2	303.2	519.0	230.2	355.4	116.5	145.6	264.5	437.9	129.9	71.4	579.2	3,411.9
2019	261.2	302.4	511.7	235.6	320.2	118.1	144.2	277.5	452.6	135.1	73.0	608.8	3,440.3

注：筆者作成。図 4-1 に示されている家計調査食料中分類別の温室効果ガス排出原単位に，消費者物価指数により
2005 年価格に調整した家計調査の食料中分類別年間消費金額（総世帯）を乗じて排出量を計算した。

養や動物福祉の側面からも批判されることが多い（c.f. Godfray et al., 2018）。
今後，肉食をどのように扱うかということは，日本の食料消費のあり様を考
えるうえでも，大きな課題といえる。

2．持続可能性を向上させうる新技術の開発

　食料消費に起因する持続可能性に関する問題を低減するための一つの方法
として，食料生産に対する新しい技術の適用が考えられる。食品関連の新し
い技術はフードテックとも呼ばれ，各国で研究開発が進められている。

（1）ゲノム編集技術

　ゲノム編集技術は，2013年頃から急速に進展した新しい育種技術であり，
マダイやトマトなど食品への適用事例も増加している。ゲノムの特定部位を

狙って改変できることから，従来の遺伝子組み換え技術よりも高効率で新規形質を持つ品種を作出できる。そのため，食資源の増大や投入資源の節約，可耕地の拡大など，食料生産に伴う持続可能性の問題を解決する上で，非常に大きな役割を果たしうると期待されている（e.g. Ma et al., 2018）。

また，ゲノム編集技術では，最終的な産物においては外来遺伝子を取り除くことも可能である。そのため，ゲノム編集技術において，新規形質に外来遺伝子が関与しないのであれば，編集後のゲノムには，従来利用されてきた突然変異を誘導した植物等と実質的に同等の変化しか生じず，厳重な管理を求められる遺伝子組換え技術とは異なるという見方もある。しかしながら予期せぬ形質変化（いわゆるオフ・ターゲット）などのリスクへの懸念から，遺伝子組換え技術と同様の安全規制が必要であるという意見もある。また，改変の痕跡が残らないことから，改変遺伝子の環境漏出などの問題も懸念されている。食品を対象としたゲノム編集技術の急速な進展を受け，各国において管理制度をめぐる議論が続いている（立川，2017）。

日本においては，外来遺伝子を含まない場合には，ゲノム編集技術の食品への応用に対して特段の安全管理や表示制度を導入しない方向性が定まった。近い将来，ゲノム編集技術より作出された産物を利用した食品が登場すると予想される。しかし，このような方針に対しては生協などが懸念を表明しており（日本生活協同組合連合会，2019），議論が続いている。

（2）代替肉

代替肉開発の動きは第二次世界大戦後にさかのぼる。例えば菌類によるマイコプロテインを主原料とするQuorn（Marlow Foods）は，たんぱく質源の枯渇が懸念された1960年代に開発が始まり，1985年に販売が開始された（並木，1991）。近年，米国では，菌類や豆類など植物由来原料を利用した代替肉（plant-based meatやmeat analog productsなどと呼ばれている）の市場規模が拡大しつつある（農畜産業振興機構，2019）。Beyond MeatやImpossible Foodsなどの産学が連携した新興メーカーが有名であるが，

Tyson Foodsなど伝統的な食肉大手メーカーも商品開発に投資を始めている。普及団体による調査によれば，米国におけるplant-based meatの市場規模は2019年度でおよそ8億ドルであり過去2年間で37%増加しているとされている（The Good Food Institute, 2019）。ほかにも，牛乳や卵などを植物由来原料で再現した商品の市場も拡大しており，これらの消費行動についての研究も蓄積されつつある（e.g. Slade, 2018）。

　また，まだ実用化までには時間がかかると見込まれているが，動物の細胞を培養して作成される肉（培養肉，cultured meat）や卵白，牛乳などの開発も進んでおり様々なベンチャー企業が参入している（シャピロ，2020）。培養肉に対する技術開発にGoogleの共同創業者であるサーゲイ・ブリンが投資をして話題となったが，実用化のためは生産コストの削減が課題となっている。

　代替肉，培養肉ともに，既存の畜産物よりも環境負荷が小さいことを強調している（The Good Food Institute, 2019）。ただし，既存の畜産物と代替肉・培養肉との環境負荷との比較については，畜産副産物の観点からLCAにおけるシステム限界の違いを明確にする必要も指摘されている（農畜産業振興機構，2019）。

（3）科学技術コミュニケーションの必要性

　前述したゲノム編集技術や代替肉，培養肉の技術は，近代的な食料消費がもたらす様々な持続可能性の問題を解決しうる。しかしながら，使用経験や食経験の蓄積が乏しい新しい技術に対して，安全性の面などから社会的な拒否感がしばしば見られる。例えば，ゲノム編集技術に対する知識と評価において，専門家と一般消費者とで技術に対する評価や理解に乖離が生じていることが指摘されている（Kato-Nitta et al., 2019）。リスクトレードオフ分析（齋藤，2010）など科学技術コミュニケーションを適切に実施しながら，技術を適用することの便益と費用をわかりやすく消費者に伝達し，技術を社会に定着させることが重要であろう。新しい技術が社会に生かされるためには，

ICTを駆使した適時適切な情報提供と社会的な技術管理体制の検討が求められる。

3. 食の多様性と持続可能性の両立

　前節で，plant-based meatに触れたが，たとえば，おでん種にするとおいしい「がんもどき」は，伝統的な「plant-based meat」といえ，日本の食生活に広く定着している。日本をはじめ，中国や韓国，台湾など東アジア諸国では，仏教を反映した食文化の基軸として，豆腐や厚揚げ，油揚げ，納豆，豆乳，湯葉など大豆たんぱくを豊富に含む食品が活用されてきた。

　東アジア地域以外でも，様々な地域で多様なたんぱく源が摂取されている。たとえば，昆虫は日本を始め世界各地で消費され，肉に変わるたんぱく源として注目されている（c.f. FAO, 2013）。インドネシアで広く食べられているテンペは大豆の発酵食品であるが，納豆のような強い香りはなく様々な料理に合わせやすい。中東地域で広く食されているフムスやファラフェルなどは，ひよこ豆が主原料である。ファラフェルはイスラエル建国時における移民の急増と中東戦争の状況下において，不足した肉に代わるたんぱく源として活用された。現在でもイェルサレムの旧市街ではファラフェルを挟んだパンを売る店をよく見かける。西アフリカでは，サハラ砂漠の南にある半乾燥地帯で伝統的にササゲが栽培され，地域住民の重要なたんぱく源となっている（村中，2016；Muranaka, 2016）。ササゲの子実を煮豆にしたり，水挽きして油で揚げて食べるほか，たんぱく質を多く含むササゲの葉も食品として活用されるようである。

　これら肉以外のタンパク質源となる既存の食品は，人間による食経験の蓄積が豊富であり食品としての実績がある。また，代替肉や培養肉などのように高度な生産設備や新しい知的財産は必要なく，"枯れた技術"で生産が可能であり，原料が確保されれば基本的にはどこでも作ることができる。健康増進への効果から地中海式ダイエットが注目されたように，今後は環境負荷

低減の観点から，これらの肉以外のたんぱく源を利用したダイエットへの関心が高まる可能性もあるだろう。ただし，食品の種類によっては，消費経験がない食品に対する消費者の新奇恐怖（neophobia）や嫌悪（disgust）が課題となるだろう（e.g. La Barbera et al., 2018）。

　ところで，輸送時の環境負荷の観点から，なるべく近距離からの食品調達がのぞましいという意見もある。これはこれで正しい面があると思われるが，輸送手段や積載率の違いにより輸送時の環境負荷がかなり異なり点は指摘しておきたい（氏家，2007；藤武ほか，2011）。図4-2には自動車運送のケースについて，１ｔの貨物を１km輸送する場合の輸送手段別二酸化炭素排出量が示されている。これを見ると，最も排出係数が高い自家用軽自動車は営業用普通車や営業用特種車（トレーラーなど）の50倍から60倍の二酸化炭素を排出している。自動車輸送統計年報によれば，農産物の近距離輸送には自家用軽自動車，長距離輸送にはトレーラーが利用される比率が高く，輸送経路の短縮による環境負荷低減の効果は見かけよりも小さい。鮮度を重視するあまり，近隣生産者が多頻度に入荷するような形態だと，かえって環境負荷を増大させている危険性もある。ライフサイクルアセスメント等による適正な評価が必要となる。

　食には生命維持の役割だけではなく，ホビーとして「楽しみ」という要素も多分に含まれている。(c.f. ネオポストモダン型食料消費（中嶋，2012))。2013年に和食がユネスコ無形文化遺産として登録されたが，カレーやラーメンも和食に内包されるという意見もある（原田，2005；石毛，2015）。食に対するある種の節操のなさが，日本の食文化の特色なのかもしれない。日本の伝統的な食生活のみ注目するのではなく，世界の多様な食品や，先進技術による新しい食品を活用し，持続可能性への貢献と美味しさや楽しさ，さらに健康維持を，個々人の価値観に基づいて最適化するような，多様性のある新しい食生活の展開を期待したい。

４．持続可能な食生活を実現するための社会的環境整備について

（１）ヒューリスティクスと意思決定支援

　2019年家計調査（二人以上世帯）によれば，食品の１世帯当たり年間購入頻度は2661回であり，これは消費支出全体の購入頻度の80%を占めている。購入頻度を購入意思決定の回数と読めば，消費生活上の意思決定の８割が食品にかかわるものであり，世帯の購入担当者は１日平均7.3回，食品についての購入意思決定を行っていることになる。相当頻繁であるというべきだろう。

　適切な意思決定のためには様々な情報を処理する必要があるが，人間の情報処理能力，あるいは認知資源には限界がある。認知資源が限られている状況では，それを節約させながら意思決定をするというモチベーションが生じる。簡便化した意思決定のあり方をヒューリスティクスという（鬼頭，2019）。多頻度の意思決定が必要な食品の購入においては，ヒューリスティクスが多く用いられている（大浦，2019）。これまでの食料消費の実証研究においても意思決定者のリューリスティクスを考慮したものは多い。たとえば意思決定において対象物の一部の属性が無視されることを想定する非補償型選好モデル（c.f. Aizaki et al., 2011）やAttribute non -attendanceモデル（c.f. Scarpa et al., 2012；Caputo et al., 2017）は食料消費の実証分析に広く利用され，成果を上げている。

　さらに，上で示したような新しい技術の誕生により，環境負荷，利益配分の公平性，地域性や伝統性，倫理性など，食品に関連する食品属性の組み合わせ可能性が拡大し，意思決定の困難さが増大することも考えられる。たとえば，代替肉や培養肉の生産に遺伝子組み換え技術やゲノム編集技術が活用される場合，環境負荷や動物福祉を重視する消費者は遺伝子改変技術を簡単に受け入れられるだろうか（c.f. シャピロ，2020）。小規模な地元企業により代替肉・培養肉が生産された場合，フードシステムの公平性や地域性を重視

する消費者はどのような反応を示すのだろうか（c.f. Van der Weele & Tramper, 2014）。

　多面的価値を踏まえた食料消費を促すためには，認知資源を節約できる社会的環境の構築が必要であり，ICTの活用は非常に重要であろう。必要な時に必要な情報に低コストでアクセスできることが理想的である。ウェアラブル端末の発達により，購買時点で自分の購入行動による持続可能性や健康への影響を可視化できるようになるかもしれない。また，個人情報の厳格な管理は前提として，キャッシュレス決済や情報銀行の利用が浸透すれば，購買履歴から個人の食生活を「見える化」することが可能となるだろう。自身の消費スタイルについての栄養や環境負荷などをまとめたレポートが利用できるようになれば，食料消費をめぐる意思決定の助けになる可能性もある。もちろん，そのためには食品企業にも製品ごとに栄養や環境負荷，調達情報など商品情報データベースの作成が求められるとともに，関連企業を巻き込んだ取り組みが必要となる。

（2）「持続可能性」のためのフードシステム各主体が果たすべき役割

　持続可能性をめぐる問題のように、個人の最適性が社会の最適性と乖離する社会的ジレンマ状態の解決手段として、当局による積極的介入等に基づく「構造的解決」と、社会的便益に対する熟考を促すなどによる個人の態度・行動変容を基礎とする「個人的解決」がある（土場・篠木，2008）。

　持続可能性の確保や健康増進の観点から，政府等によるある程度の介入は考えられるだろう。具体的な制度設計の際には，これまで様々な国で行われてきた栄養政策の例から学ぶべきことが多いと考えられる（並木，1991）。現在でも，肥満を助長するような食品に対する課税（砂糖税・脂肪税）の導入のケースはしばしば見られる。また，食品企業や外食に対する需要は今後更に増えることが予想されるが，食品企業の取り組みによる健康改善（c.f. NHKスペシャル取材班，2017）がより高い効果を発揮するだろう。持続可能性や健康に配慮した食料消費を誘発するための個人信用スコアの利用もあ

り得るかもしれない。行動経済学の成果の一つであるナッジの利用も考えられるが，制度設計によってはナッジも失敗することが指摘されている（Sunstein, 2017）。いずれにせよ，公益増進のために消費のマニピュレーションを行う際には，それ伴うコストと公益上のベネフィット，消費者の反応が比較考量される必要がある（e.g. Lal et al., 2017）。秋山ほか（2021）による社会調査によれば，個人信用スコアなどによる行動へのマニピュレーションへの拒否感は全体として強く、若い世代ほど、経済的な公平性とともに、個々人のライフスタイルの多様性を重視しているようである。

　特に食生活はプライベートな生活の中でも重要な位置を占めている。公益増進の観点からの食生活への制度的介入が，どの程度まで許されるかということは，相当丁寧な議論が必要であろう。

５．COVID-19パンデミックによる食行動の変化—関連既往研究から—[1]

　ところで，COVID-19により生じたパンデミックは，人類に大きな影響をもたらしている。食生活も例外ではない。パンデミックと食料消費との関連性については，既に世界中で多くの研究が蓄積されている。本節では，これらの既往研究を概観したい。

　まず，これらの論文抄録でどのような単語が使われているのかを確認する。**図4-1**は使用されている単語によるword cloudが示されている[2]。word cloudでは出現頻度が大きい単語ほど，つまり当該単語が抄録で使われている論文が多いほど，大きい文字で表現されている。

（1）本節の内容は氏家（2022）の一部に依拠している。詳細については同文献を参照してほしい。
（2）Clarivate Analytics社の論文データベースであるWeb of scienceにより抽出した。検索条件は、書誌情報のタイトル、トピック、抄録のいずれかのフィールドに「COVID」、「consumption」、「food」の語がすべて含まれていることとした。抽出日は2022年3月13日である。この結果、755報の論文が抽出された。

図4-3　関連論文抄録で利用されている単語のword cloud

出典：氏家（2022）

　図4-3で目立つのは「lockdown」の文字である。また，「consumers」や「households」，「purchasing」，「eating」など食料消費主体の行動，「weight」，「physical」，「activity」，「obesity」など活動量や体重に関連する語が多い。多くの既往研究でロックダウンによる外出制限の影響を分析していることがわかる。消費行動や摂食行動に注目している論文，あるいは外出制限による物理的な活動量の低下による体重や健康に対する影響に注目している論文も多い。

　そのような中でも，「organic」や「sustainability」，「waste」などの用語も比較的大きく表示されていることがわかる。持続可能性についての話題を取り上げている論文も多いことがわかる。

　より具体的に既往研究を見ていくと，パンデミックにより持続可能性への関心が高自身の健康と持続可能性への関心に基づいて有機食品に対する需要が増加していることを指摘する文献は多い（e.g. Güney and Sangün, 2021; Yin et al. 2021）。フードシステムの頑健性への関心や地域の農家への支援意

95

向などを背景に，地元産あるいは国産食品への関心が高まっていることも多く指摘されている（e.g. Ben Hassen et al., 2020；Palau-Saumell et al. 2021）。また，パンデミック期間中におけるフードロスの動向についての研究も多く行われている（Neyra et al., 2022；Ben Hassen et al., 2021; Güney and Sangün, 2021）。

　このように，パンデミックがきっかけとなり，持続可能性や健康，ローカルなフードシステムの重要性に対する気づきをもたらしている可能性を指摘している論文もまた多い。パンデミックが必ずしもネガティブな影響のみを食料消費にもたらしているわけではないという点は注目するべきだろう。

6．おわりに

　本稿執筆時において，我々は新型コロナウイルス流行により生じた混乱の中にいる。人と人の接触は陰に陽に制限され，食生活も大きな影響を受けつつある。さらにウクライナ危機によるインフレーションの影響も大きい。これらの影響が短期的なインパクトで済むのか，我々の食生活のあり方を根本的に変化させてしまうのか，見通しをつけることはかなりむつかしい。

　これらの出来事が，日本の食料の状況に悪影響ばかり与えている人が生きていく以上，何かを食べ続ける必要があることは変わりない。知見を逐次更新させながら，将来の姿を見据えて，研究を続けていく必要があるのだろうと思う。

引用・参考文献

Aizaki, H., Sawada, M., Sato, K., & Kikkawa, T.（2012）A noncompensatory choice experiment analysis of Japanese consumers' purchase preferences for beef, *Applied Economics Letters* 19（5）：439-444.

秋山 肇ほか（2021）「ポスト・アントロポセンの価値観・行動様式・科学技術に関する調査研究」，ムーンショット型研究開発事業 新たな目標検討のためのビジョン策定 調査研究報告書．https://sherry1.jst.go.jp/report/JST/1160500/JST_1160500_20357093_2021_%E7%A7%8B%E5%B1%B1_PER.pdf（2022年11月20日 参

照）

Ben Hassen, T. et al.（2020）Impact of COVID-19 on Food Behavior and Consumption in Qatar, *Sustainability*, 12（17）：6973. http://doi.org/10.3390/su12176973.

Ben Hassen, T. et al.（2021）Food Shopping, Preparation and Consumption Practices in Times of COVID-19：Case of Lebanon, *Journal of Agribusiness in Developing and Emerging Economies* 12（6）：281-303. https://doi.org/10.1108/JADEE-01-2021-0022.

Briggeman, B. C., & Lusk, J. L.（2011）Preferences for fairness and equity in the food system, *European Review of Agricultural Economics*, 38（1）：1-29.

Caputo, V., Van Loo, E. J., Scarpa, R., Nayga Jr, R. M., & Verbeke, W.（2018）Comparing serial, and choice task stated and inferred attribute non-attendance methods in food choice experiments, *Journal of Agricultural Economics* 69（1）：35-57.

Cobiac, L. J., Tam, K., Veerman, L., & Blakely, T.（2017）Taxes and subsidies for improving diet and population health in Australia：a cost-effectiveness modelling study, *PLoS medicine* 14（2）.

Güney, O. I. and L. Sangün（2021）How COVID-19 Affects Individuals' Food Consumption Behaviour：a Consumer Survey on Attitudes and Habits in Turkey, *British Food Journal* 123（7）：2307-2320. http://doi.org/10.1108/BFJ-10-2020-0949.

FAO（2013）Edible insects Future prospects for food and feed security, http://www.fao.org/3/i3253e/i3253e00.htm（accessed on June 9, 2020）

藤武麻衣, 佐野可寸志, & 土屋哲（2011）野菜の地産地消の推進による CO2 排出削減量の計測.『農村計画学会誌』30：303-308.

Godfray, H.C.J et al.（2018）Meat consumption, health, and the environment. *Science* 361 eaam5324.

The Good Food Institute（2019）Market Overview, https://www.gfi.org/marketresearch（accessed on Febrary 18, 2020）

井原智彦ほか（2009）「消費者の生活行動にともなうCO2排出の分析と評価」『第4回日本LCA学会研究発表会講演要旨集』：256-257

Kato-Nitta, N. et al.（2019）Expert and public perceptions of gene-edited crops：attitude changes in relation to scientific knowledge. *Palgrave Communications* 5（1）：1-14.

鬼頭弥生（2019）「人々のリスク知覚とヒューリスティクス」『農業経済学辞典』丸善出版：316-317

国立環境研究所（2013）「グローバルサプライチェーンを考慮した環境負荷原単位」,

https://www.cger.nies.go.jp/publications/report/d031/jpn/page/global.htm
（2020年2月3日参照）。

La Barbera, F., Verneau, F., Amato, M., & Grunert, K. (2018) Understanding Westerners' disgust for the eating of insects : The role of food neophobia and implicit associations. *Food Quality and Preference* 64 : 120-125.

Lal A, Mantilla-Herrera AM, Veerman L, Backholer K, Sacks G, et al. (2017) Modelled health benefits of a sugar-sweetened beverage tax across different socioeconomic groups in Australia : A cost-effectiveness and equity analysis. *PLoS medicine* 14 (6), e1002326.

Ma, X., Mau, M., & Sharbel, T. F. (2018) Genome editing for global food security. *Trends in biotechnology* 36 (2) : 123-127.

村中聡（2016）「西アフリカのサヘル・半乾燥地帯に暮らす農民の生活にマメ類が果たす役割」,『国際農林業協力』39 (1) : 20-27

Muranaka, Satoru (2016) Harnessing Traditional Food for Nutrition and Health, *Indian Journal of Plant Genetic Resources* 29 (3) : 358-359

Naisai, K. et al. (2012) Estimates of Embodied Global Energy and Air-Emission Intensities of Japanese Products for Building a Japanese Input-Output Life Cycle Assessment Database with a Global System Boundary, *Environmental Science & Technology* 46 (16) : 9146-9154.

Neyra, J. M. V. et al. (2022) Food Consumption and Food Waste Behaviour in Households in the Context of the COVID-19 Pandemic, *British Food Journal* (in printing). http://doi.org/10.1108/BFJ-07-2021-0798.

並木正吉（1991）『欧米諸国の栄養政策：背景と問題の焦点』農文協

中嶋康博（2012）「新しい時代の食と農を考える-ネオポストモダン型食料消費とオルタナティブフードシステム」『JC総研レポート』vol.21 : 2-8

根本志保子「倫理的消費：消費者による自発的かつ能動的な社会関与の意義と課題」『一橋経済学』11 (2) : 1-17

NHKスペシャル取材班（2017）『健康格差 あなたの寿命は社会が決める』講談社

日本生活協同組合連合会（2019）「厚生労働省に「ゲノム編集技術応用食品及び添加物の食品衛生上の取扱要領（案）」に関する意見を提出しました」https://jccu.coop/info/suggestion/2019/20190717_01.html（2020年3月4日参照）

農畜産業振興機構「米国における食肉代替食品市場の現状」『畜産の情報』2019年10月 : 72-87

大浦裕二（2019）「購買時の食品選択行動」『農業経済学辞典』丸善出版 : 260-261

Palau-Saumell, R. et al. (2021) The Impact of the Perceived Risk of COVID-19 on Consumers' Attitude and Behavior Toward Locally Produced Food, *British Food Journal*. 123 (13) : 281-301. http://doi.org/10.1108/BFJ-04-2021-0380.

齊藤修（2010）リスクトレードオフ分析の概念枠組みと分析方法 1：リスクトレードオフ分析の概念枠組み『日本リスク研究学会誌』20（2）：97-106.

Scarpa, R., Zanoli, R., Bruschi, V., & Naspetti, S.（2013）Inferred and stated attribute non-attendance in food choice experiments. *American Journal of Agricultural Economics* 95（1）：165-180.

シャピロ．P（2020）『CLEAN MEAT：培養肉が世界を変える』（鈴木素子訳）日経BP

Slade, P.（2018）If you build it, will they eat it? Consumer preferences for plant-based and cultured meat burgers. *Appetite* 125：428-437.

Sunstein, C. R.（2017）Nudges that fail, *Behavioral Public Policy* 1（1）：4-25

Swait, J.（2001）A non-compensatory choice model incorporating attribute cutoffs. *Transportation Research Part B：Methodological* 35（10），903-928.

立川雅司・加藤直子・前田忠彦（2017）「ゲノム編集由来製品のガバナンスをめぐる消費者の認識：農業と食品への応用に着目して」『フードシステム研究』24（3）：251-256.

Tully, S. M., & Winer, R. S.（2014）The role of the beneficiary in willingness to pay for socially responsible products：a meta-analysis. *Journal of Retailing* 90（2）：255-274.

氏家清和（2007）地産地消と環境負荷-輸送距離および輸送機関別の二酸化炭素排出係数からの検討『地産地消の実態及び推進効果の把握に関する調査研究事業報告書』都市農山漁村交流活性化機構 51-59.

氏家清和（2013）「『おもいやり』と食料消費—公共財的側面をもつ属性に対する消費者評価—」『フードシステム研究』20（2）：72-82

氏家清和（2022）「パンデミック下における食料消費行動」『フードシステム研究』29（3）：75-89

Van der Weele, C., & Tramper, J.（2014）Cultured meat：every village its own factory?. *Trends in biotechnology*, 32（6），294-296.

Yin, J. et al.（2021）Effect of the Event Strength of the Coronavirus Disease（COVID‐19）on Potential Online Organic Agricultural Product Consumption and Rural Health Tourism Opportunities, *Managerial and Decision Economics* 42（5）：1156-1171. http://doi.org/10.1002/mde.3298.

第5章

持続可能な社会に資する農業経営体とその多面的価値

関根　佳恵

1．はじめに

　今日の日本農業は，三つの危機に直面している。第一に，気候変動に代表される環境的危機である。社会全体が脱炭素^{ゼロ・カーボン}にむけて動き出す中，農業分野の取り組み強化は喫緊の課題である。第二に，農村地域における人口減少と高齢化に代表される社会的危機である。地方の基幹産業である農業の斜陽化や産業空洞化により人口が減少し，農業の生産基盤だけでなく，生活基盤である教育，医療，行政，金融サービス等も衰退している。第三に，後継者難と耕作放棄地の拡大に表れている経済的危機である。農業が縮小再生産さえ困難になっている状況は，当該分野の経済的危機を象徴している。2020年以降のコロナ禍，ウクライナ危機，円安は，飼料・肥料・エネルギー価格の高騰と物流の混乱，消費の低迷等によって日本農業にさらなる打撃を与えている。これらの危機を乗り越えて持続可能な農と食のシステムを創り出すことは，持続可能な社会への移行という，日本のみならず世界全体が共有する目標実現のために避けられない課題である。国連の持続可能な開発目標（SDGs）の誕生や国際情勢の変化の下で，農業に求められる多面的価値はいま大きく変化している。

　持続可能な農と食のシステムという文脈において，過去10年程の間で注目されるようになっているのが，「アグロエコロジー」と「小規模・家族農業」である。国連貿易開発会議（UNCTAD）は，2013年の報告書の中で，地球

100

規模の気候変動に対応するために大規模で企業的農業から小規模農業，アグロエコロジーへ早急に転換することを求めた（UNCTAD, 2013）。日本においても，2020年3月に閣議決定された第5期食料・農業・農村基本計画のなかで，農林水産省は「経営規模の大小や中山間地域といった条件にかかわらず（中略）生産基盤を強化していく」方針を示した（農林水産省，2020）。こうした政策の新たな潮流は，世界銀行グループ（IAASTD, 2009）や国連世界食料保障委員会（HLPE, 2013）等も推進しており，今後，日本においても政策的，学術的，市民的議論が深まることが期待される。

　本書の趣旨にもとづき，本章では，2020年から2050年を持続可能な農と食のシステム構築にむけた移行期ととらえ，新たな社会的要請に応えられる農業および農業経営体像を検討する。この社会的要請に応えるためには，農と食のシステムだけでなく，社会全体のパラダイム（価値規範）の根本的見直しが必要となるだろう。ここで採用されるアプローチは，バックキャスティングという思考法である。バックキャスティングは，遠い未来の予想ではなく，「足元におこっていることの本質・課題を既成概念にとらわれず再確認する」方法でもある（北川，2019：p.5）。そのため，本章では少子高齢化，グローバル化，貿易自由化[1]等を「与件」とせず，政策や国際情勢によって変化する「変数」だと理解する（関根，2019：p.223）。紙幅に限りがあるため，(1)持続可能性の実現，および(2)小規模・家族経営を含む多様な経営体の役割を中心に論じる。

（1）WTO体制，FTA（自由貿易協定），EPA（経済連携協定）の下での貿易自由化政策が，本当に持続可能な農と食のシステムを人類にもたらすのか，国連では懐疑的な意見が出されている。国連の食料への権利に関する特別報告者M.ファクリは，2020年7月の中間報告で，これまでの貿易政策が食料安全保障，気候変動対策，人権上の懸念等に有効な結果を残せなかったと批判し，WTO農業協定の段階的廃止と食料への権利にもとづく新たな国際的食料協定への移行を提案している（Fakhri, 2020）。気候危機とコロナ禍を受けて，過去30年余りにわたって支配的であった新自由主義的価値観が大きく見直されつつある。

農業や農業経営体の発展経路が相対化される中（関根，2020a：pp.239-240）[2]，2050年までに持続可能な社会へ移行するために，日本ではどのような農業経営体によるどのような農業をめざすべきか。そのための政策とはどのようなものであるべきだろうか。本章では，持続可能な社会への移行に資する農業経営体像，およびその農業経営体が多面的価値を発揮するための政策のあり方について，近年の農業政策をめぐる議論の新しい潮流をふまえて提示することを課題とする。

２．農業に対する新たな社会的要請─農業の多面的価値─

　食料・農業・農村基本法（1999年施行）は，すでに食料供給以外の農業の多面的機能の重要性を謳っている。多面的機能とは，「国土の保全，水源のかん養，自然環境の保全，良好な景観の形成，文化の伝承等農村で農業生産活動が行われることにより生ずる食料その他の農産物の供給の機能以外の多面にわたる機能」とされ，国民生活・経済の安定に資するため，将来にわたって適切かつ十分に発揮されなければならないものと位置づけられている。
　基本法施行から20年余が経過した今，農業に求められる役割はどのように変化したのだろうか。2015年に採択されたSDGsの17のゴールと関連づけて論じるならば，食料供給が貧困・飢餓の撲滅（ゴール１，２）に合致してい

（２）日本農業経営学会編（2018）は，「家族経営は所得，法人経営は経常利益の追求という，異なる経営目的を持つ」（p.ⅲ）「多様な主体が農業に参入している時代ではあるが，やはり家族が中心となる経営は，経営の効率性と技術や経営の継承という点で，優位性を持つ」（p.ⅱ）と指摘する。酒井（2018a：2018b）は，家族経営から企業経営に発展するという直線的な発展経路は慎重に検討する必要があり，企業的家族経営から「家族的要素」がいずれ消えて「企業的要素」に純化していく傾向があるとはいえず，実態から判断しても，その方が合理的だとは必ずしも言えないとしている。新山（2014）や柳村（2018）は，「家族経営」と「企業経営」，「家族的要素」と「企業的要素」は対立概念ではないこと，現代の家族経営の多様性を指摘した上で，酒井（2018a；2018b），岩本（2015）と同様に，やはり直線的な発展経路を否定している。

ることは言うまでもない。さらに，基本法で謳われる多面的機能はその他の
ゴールと関りが深い。以下では，持続可能な農と食のシステム構築に欠かせ
ない重要点をあげてみよう。これらは，農林水産業に対する今日の社会的要
請であり，農林水産業の多面的価値といえる。

　第一に，気候変動対策[3]である（ゴール13）。気候変動に関する政府間
パネル（IPCC，2018）によると，2100年の平均気温を産業革命前と比べて
1.5℃以内に抑えるためには，全世界の人為的な二酸化炭素（CO_2）排出量を，
2050年頃に「実質ゼロ」にする必要がある。農業においても気候変動による
災害の頻発，適地・適期の変化，農産物の収量・品質の低下，病害虫・感染
症の発生・拡大等が懸念される。2019年の国連気候行動サミットでも，気候
変動に対する解決策のひとつとして，温室効果ガスの21 〜 37％を排出して
いるグローバルな農林業・食料システムの排出量を削減するとともに，吸収
源としての能力を強化し，レジリエンスを高めることが求められた（国際連
合広報センター，2019）。世界各地で若者たちが気候変動対策を求めて大規
模に抗議する中，COP26（2021年）時点で150か国以上がCO_2の排出を実質
ゼロとすることに合意している（資源エネルギー庁，2022）。農林水産業に
おいても，気候変動への適応対策だけでなく，積極的な緩和対策の実行が求
められている。

　第二に，資源・エネルギー効率性を高めることである（ゴール７，９，12）。
これは，第一の気候変動対策と深く関わっている[4]。21世紀には，持続性
を高めるためにも気候変動対策のためにも枯渇性資源への依存を減らし，限
られた水資源も有効に利用する必要がある。そのため，20世紀までは土地生
産性や労働生産性の向上を経営目標としてきた農業経営体においても，今後
は資源・エネルギー生産性を高める方向で技術や組織の革新を進めることが

（3）気候変動は，すでに「変動」と呼べる事態ではなく，気候「危機」や気候「崩
　　壊」と呼ぶべき状態に至っていると指摘されている。
（4）20世紀の間に世界の農地面積は２倍に拡大し、食料生産量は６倍に増え、農
　　業分野のエネルギー消費量は85倍になった（FAO and IsDB, 2019）。

新たな目標となる。深澤（2014）は，エネルギー収支という評価軸を農業生産においても導入する必要があることを指摘し，この新たな評価軸で測れば小規模経営の優位性（スモールメリット）があることを明らかにしている。ETC Group（2017）もまた，小規模・家族農業は世界全体の土地，水，化石燃料の25％を用いて食料の70％を生産していると指摘している。今後は，生産段階で必要となる農業生産資材の原料輸入，製造，輸送，稼働，廃棄に関わる総エネルギー量に対する農産物のエネルギー量（エネルギー効率性）を高め，流通・消費段階においても輸送・保冷・廃棄に必要なエネルギーを考慮して，自給，地産地消，および国内市場中心のシステムに移行し，エネルギー効率性を高めることが新たな目標となる。

　第三に，社会の安定化である（ゴール6，10，11，16，17）。これは，農業の社会的効率性を高めることによって実現される。すなわち，農林水産業が農山漁村で営まれることによって，地方に雇用[5]が創出され，人口の維持と農山漁村の活性化，生活基盤の維持，ひいては生産基盤の維持につながることを意味する。さらに，農林水産業が持続可能なかたちで営まれていれば，河川の流域を単位とする物質循環が維持され，食料供給はもとより，貨幣価値に還元できない価値，すなわち治山治水等の国土保全・防災，環境保全，生物多様性の維持，伝統文化の伝承等を実現することによって，社会全体の安定化につながる。都市と農村の間で社会的資源（人口，財政・金融等）を適切に再配置することができれば，都市と農村の社会的統合が強まり，農林水産業は社会の安定化という価値を実現することができる。

　第四に，健康的な生活への貢献である（ゴール3）。これは，第三の社会の安定化と関わる問題である。現在，慢性疾患，免疫不全，発達障害等を抱える人が増え，多くの国では社会保障費が膨張している。これに対して，健

（5）ここでいう雇用とは，資本賃労働関係のみを指すのではなく，自らを雇う自営業としての一次産業も就業機会，所得獲得機会を提供しているという意味において，広義の雇用として扱っている。EUでは広義の雇用の概念にもとづき，一次産業の雇用創出力を高く評価している。

康的で栄養バランスのとれた食生活と食の安全確保によって，こうした健康問題を抑制または克服し，生活の質を高めることができると考えられるため，農林水産業に対する社会の期待はますます大きくなっている（ハニーカット，2019）。

　第五に，われわれのルーツを想起させ，自然に即した生き方を教えることである（全ゴール）。世界農業者機構のジャガー会長は，国連「家族農業の10年」の開幕式（2019年5月）で次のように述べている。「どの国出身でも，どの言語を話しても，どの宗教を信仰していても，人種や文化，歴史にかかわりなく，われわれのルーツには家族があり，農林水産業がある」（WFO，2019）。自然との物質代謝によって営まれる農林水産業を健全なかたちで維持することは，私たちが自然の摂理に即した生き方を取り戻し，経済を本来の位置に取り戻すことにつながる。持続可能な社会への移行を展望する上で，農林水産業の価値の再評価は私たちの経済・社会の仕組みを問い直す鍵である。

　これらの多面的価値は，2050年の農業や農業経営体を展望する上で考慮すべきものである。そして，こうした価値の実現には，社会システム全体を転換するような「社会の全身治療」（ホリスティック・アプローチ）が求められる。これまでの常識や価値観を再考し，新しい社会の規範構築を目指す必要がある。日本政府が推進しているSociety5.0は「誰もが快適で活力に満ちた質の高い生活を送ることのできる人間中心の社会」（内閣府，2020）である。人間中心の社会を目指すならば，われわれは「経済のために人間があるのではなく，人間のために経済がある」という基本に立ち返らなければならない（関根，2019）。さらに，この目標を人間だけでなく「いのち」全体の目標に拡大して解釈するならば，経済中心の価値観を相対化し，全ての生物，環境，物質循環の持続性を追求する社会の構築を目指すことになる。そのための技術的基盤のあり方は，伝統的な知に根差した技術も含めてより幅広く再検討する必要があるだろう。

3．農業政策をめぐる議論の新潮流

（1）国連・国際機関が形成する新たな国際的枠組み

　国連の枠組みにおいてSDGsやパリ協定が採択され，加盟国は具体的行動を求められている。これに合わせて，SDGsや気候変動対策に関わりが深い農林水産業に関係する国連のキャンペーンが相次いで打ち出された。例えば，「生物多様性の10年」（2011-20年），「土壌の10年」（2015-2024年），「栄養の10年」（2016-25年），「水の10年」（2018-28年），「家族農業の10年」（2019-2028年），「生態系の回復の10年」（2021-30年），「食料への権利実現に向けた任意ガイドライン」「土地保有に関する責任ある統治の任意ガイドライン」「持続可能な小規模漁業を保護する任意ガイドライン」「農民と農村で働く人びとの権利に関する国連宣言」である。これらはいずれも既存の農林水産業の生産様式や開発モデルを再考し，新たなアプローチを実施することを推奨している。

　こうした流れの中で注目されているのが「アグロエコロジー」と「小規模・家族農業」である。第一に，持続可能な農業の代名詞となっているのが，アグロエコロジーである。アグロエコロジーとは直訳すれば「農業生態学」であるが，一学問分野にとどまらない。「農業生態系の働きを研究し説明しようとする科学」であり，「農業をより持続可能なものにしようとする実践」であり，また同時に「農業を生態学的に持続可能で社会的により公正なものにすることを追求する運動」でもあると定義される（ロセット・アルティエリ，2020）。すなわち，農業の営みを生態系の物質循環の中に位置付けて，生態系を維持発展するような農と食のシステムがアグロエコロジーである。アグロエコロジーは，化学農薬・化学肥料，遺伝子組み換え作物を用いない有機農業や自然農法と技術的に重なる部分があるが，循環型経済や責任あるガバナンス等の社会的側面にも踏み込んでいる（**表5-1**）。すなわち，アグロエコロジーとは単に環境に優しいだけの農業ではなく，社会的に公正で民

表5-1　アグロエコロジーの10要素

	要素	趣旨・内容
1	多様性	自然資源を保全しつつ食料安全保障を達成するための鍵
2	知の共同創造と共有	参加型アプローチをとることで，地域の課題を解決を
3	相乗効果	多様な生態系サービスと農業生産の間の相乗効果を
4	資源・エネルギー効率性	農場外資源への依存を減らす
5	循環	資源循環は経済的・環境的コストの低減になる
6	レジリエンス（回復力）	人間，コミュニティ，生態系システムのレジリエンス強化
7	人間と社会の価値	農村の暮らし，公平性，福祉の改善
8	文化と食の伝統	健康的，多様，文化的な食事を普及する
9	責任ある統治	地域から国家の各段階で責任ある効果的統治メカニズムを
10	循環経済・連帯経済	生産者と消費者を再結合し，包括的・持続的発展を

注：FAO（2018a）より筆者作成。

主的な農と食のシステムを指す。

　Pretty et al.（2006）は，発展途上国57か国，286の比較研究プロジェクト（126万農場，3,700万ha）のデータをもとに，アグロエコロジーの実践によって多様な地域と作目において平均79％も単収が増加したことを発表し，「環境保全型農業は土地生産性が低い」という見方を一新した。さらに，土壌の有機物が増加することにより炭素を固定するとともに，直接・間接の温室効果ガス排出を抑制し，石油等の枯渇性資源からバイオマス等の再生可能エネルギーへの移行を促進したと発表している（Pretty, 2006）。加えて，労働集約型のアグロエコロジーは地域の雇用創出に貢献したため人口流出を抑制し，コミュニティの生活条件を改善する効果もみられた。Pretty（2006）は，持続可能な農業を実現し食料問題を克服するために，地域市場や国内市場と結びついた小規模農業を発展させることを提言している。

　その後，2009年には世界銀行やUNDP，FAO，UNEP，UNESCO，WHO等の国連機関，58か国の政府と約400名の科学者が参加した大型研究プロジェクトの報告書（IAASTD, 2009）が発表された。同報告書は，各国政府や国際機関に対し，化学農薬・化学肥料に依存した工業的農業推進から生物多様性と地域コミュニティを重視するアグロエコロジー推進へ早急に方向転換することを求めている。国連「食料への権利」特別報告者のSchutterも同じくアグロエコロジーに舵を切ることを訴えた（Schutter, 2014）。

UNCTADもまた，『手遅れになる前に目覚めよ―気候変動時代の食料安全保障のために，今こそ真に持続可能な農業を―』と題した報告書（UNCTAD, 2013）の中で，「緑の革命」型の慣行農法，単一栽培（モノカルチャー），農場外資源への高依存を伴う工業的農業から，持続的で再生可能，かつ生産性が高いアグロエコロジーへ移行する必要性を訴えている。現在、世界全体で年間5400億ドル費やされている農業補助金・助成金の87％が、環境や健康を損なう工業的農業に支払われており、その多くは小規模農家や女性農家ではなく大手の多国籍企業の収入になっているが、持続可能な農と食のシステムへ移行するためには、こうした補助金の方向転換が必要だと国連は加盟国政府に勧告している（FAO, UNDP and UNEP, 2021）。さらに，農業を食料生産だけでなく多様な公共財・サービス（多面的価値）提供の視点から評価することも求めている。

　一連の国連や国際機関の報告書の発表を受けて，FAOは2013年にアグロエコロジー推進のために世界最大の農民組織ビア・カンペシーナと連携の覚書を交わし，2015年以降，世界各地でアグロエコロジーに関するフォーラムを開催している。世界食料保障委員会専門家ハイレベルパネルも慣行農業を全面的にアグロエコロジーに転換することを勧告した（HLPE, 2019）。日本においても，2010年代に入ると農林水産省がアグロエコロジー研究会を設置し，民間でも日本アグロエコロジー会議が発足している（**表5-2**）。2008年から始まったFAOの世界農業遺産（GIAHS）の認定プログラムもまた，伝統的で小規模な農業システムを保全するための取り組みとして位置づけることができる。他方で，気候スマート農業（CSA）の実践はアグロエコロジーと重なる部分が少なくないが，Pimbert（2015）は，前者がアグリビジネスや金融機関の利益に資するのに対して，後者はコミュニティを強化し経済的・政治的民主化に貢献するとして，両者は基本的に相容れないものだと指摘する。

　第二に，アグロエコロジー推進と並行して再評価されているのが「小規模・家族農業」である。これは，アグロエコロジーの実践者が家族で小規模

表5-2　アグロエコロジー（AE）の歴史的展開と主な出来事

年代	世界の主な出来事	日本の主な出来事
1920	農学者ベンジンが農学として唱える	
1930		福岡正信氏が自然農法を開始
1940		有機農業を学べる「愛農塾」設立
1970	アルティエリ教授が農法として研究開始	日本有機農業研究会設立，産消提携が興隆
1990	リオの国連地球サミット 中南米の農業政策に取り入れられる	
2000	エセックス大学プレティ教授等の国際比較研究実施 世界食料危機発生，国連・世界銀行等が AE 支持	JAS 有機認証開始 有機農業推進法施行
2010	国連「食料への権利」国連特別報告，UNCTAD が AE への転換勧告，FAO が国際農民組織と AE 推進で連携 AE 国際会議，地域会議開催，仏が農業未来法で AE 推進 国連持続可能な開発目標（SDGs），パリ協定誕生	農林水産省が AE 研究会設置 日本 AE 会議誕生，京都 AE 宣言，AE を推進する家族農林漁業プラットフォーム・ジャパン設立

注：ロセット・アルティエリ（2020），小規模・家族農業ネットワーク・ジャパン（2019）を参考に筆者作成。

な農業を営んでいることと関係している。また，世界の農場数の9割以上（5億戸以上）が家族または個人によって経営されており，世界の農地の7〜8割を用いて食料の8割以上を供給していることから，将来的な食料の安定供給や食料安全保障，食料主権のために家族農業の強化が政策課題として認識されるようになった（HLPE，2013；FAO，2018b；2018c；小規模・家族農業ネットワーク・ジャパン，2019）。世界の家族農業経営体の72.6％が経営規模1ha未満であり，84.8％が2ha未満であることから，多くの農業経営体が比較的小規模であること，農業経営体は多様であり，多就業（兼業）は先進国を含む多くの国で今も多数を占めており，経営のリスク分散とレジリエンス強化に貢献していることも指摘されている（HLPE，2013）。さらに，世界の栄養不足人口の約8割が農村地域に居住して農林水産業に従事していることから，これらの小規模・家族農業が置かれている状況の改善なくしてSDGsの達成はないといえる（FAO，2018a）。

　このため，国連では2014年を国際家族農業年，2019〜2028年を国連「家

表5-3　家族農業に関する国際社会の主な動き

年	国際社会の主な動き
2008	世界経済危機・食料危機発生，ビア・カンペシーナが「男女の農民の権利宣言」を発表 世界農村フォーラムが「国際家族農業年」の設置を求める運動を開始
2011	国連総会が「国際家族農業年」（2014年）の設置を決定
2014	「国際家族農業年」。世界各地で家族農業関連イベント相次ぐ
2015	国連の持続可能な開発目標（SDGs）誕生。家族農業がSDGs達成の鍵として位置づけられる
2017	国連総会が国連「家族農業の10年」（2019～28年）設置を全会一致で決定（日本は議案の共同提案国）
2018	国連総会が「農民と農村で働く人びとの権利宣言」を採択（日本は投票を棄権）
2019	国連「家族農業の10年」開幕。G20新潟農相会合宣言に家族農業，小規模農業が明記される
2020	新型コロナウィルス禍で，G20農相が臨時会合で家族農業，小規模農業を含む農家の支援強化を合意
2022	国連「零細漁業と養殖の国際年」（小規模漁業年） 第1回 国連「家族農業の10年」グローバル・フォーラム開催

注：小規模・家族農業ネットワーク・ジャパン（2019）および国連資料をもとに筆者作成。

族農業の10年」とすることを決定した（**表5-3**）。国連は家族農業経営をSDGsに貢献する主要な主体と位置づけ，加盟国に政策的支援の拡充を勧告している（FAO and IFAD, 2019）。さらに，国連総会は「農民と農村で働く人びとの権利宣言」を2018年に賛成多数で採択した。

（2）EUのポスト2020共通農業政策改革と欧州グリーン・ディール

　欧州委員会は，2017年11月に共通農業政策（CAP）の次期改革（ポスト2020CAP改革：2021-27年）にむけた基本方針「食と農の未来」（European Commission, 2017）を発表し，気候変動や環境保全の対策強化とともに，小規模経営に対する支援強化を打ち出した。現行の直接支払制度では，全体の2割に当たる大規模経営が支払総額の8割を受給しており，真に支援を必要としている小規模経営に支援が行き届いていないとの批判が強まっていた。そのため，受給上限額の導入，対大規模経営直接支払の累進的減額，小規模農業経営に対する再配分強化を実施する方針である。小規模経営への支援は，現行のCAP（2014-20年）でも加盟国の裁量で実施することができたが，これを強化する。こうした政策転換の背景には，EUの東方拡大によって小規模な自給的経営が重要性を持つ中東欧諸国が加盟したこともあるが，農業競

争力があるとされる西欧諸国でも農村の雇用（所得獲得機会）創出の一形態として小規模農業の維持が農村の活性化に不可欠であることや，条件不利地域や都市的地域において小規模農業が果たす多面的価値が高く評価されるようになったことも大きく影響している。

　ポスト2020CAP改革では，環境保全・気候変動対策も一層強化される。CAP第一の柱である直接支払では，基礎支払いとグリーン支払を統一して環境要件を満たすことを受給要件とし，追加的な環境保全・気候変動対策に取り組む経営体には上乗せ支払い（エコ・スキーム）を実施する（欧州連合日本政府代表部，2019）。CAP改革議論最中の2019年12月に発足した欧州委員会の新体制は，同月に最優先政策として欧州グリーン・ディールを発表した。次期CAP改革はこの影響を受けたため2021年からの実施は困難となり，2023年1月にスタートする。欧州グリーン・ディール政策では，「農場から食卓まで」（Farm to Fork），すなわち農業生産から消費に至る農と食のシステム全体に新たなアプローチを行うとともに，循環型経済（Circular Economy）への移行を推進している（Matthews，2020）。キリアキデス健康・食品安全担当委員は，2019年12月の会議で「食料生産が空気，水，土壌を汚染し，生物多様性を喪失させ，気候変動と資源枯渇を招いている」「より健康的で，より公正で，より持続可能な，これまでにない新しいアプローチが食のシステムに必要なのは明らかだ。食料供給において，これまでのビジネスモデルはもはや選択肢にはない」と述べて，現行政策を刷新する姿勢を示した。また同委員は，持続可能な農と食のシステム構築において，EUが採用する持続可能性の指標を世界標準にしたい意向も語っている。EUは欧州グリーン・ディールの一環で国境炭素税を導入する方針であることから，欧州発の改革は今後，他国にも波及する可能性が高い。2020年5月に欧州委員会が発表した2030年までの農業・食料新戦略「農場から食卓まで」において，この方向性はさらに明確に示された（European Commission，2020）。

（3）フランスの農業未来法とエガリム法

　第二次世界大戦後のフランスでは，家族農業経営を基本とした構造政策が実施され，経営規模の拡大が進展した。この構造政策は，化学農薬・化学肥料の普及や機械化・施設化，専門化を推進する「緑の革命」と一体の農業近代化政策であったが，1970年代には一連の政策の弊害が表面化していた（北川，2016）。石油危機による資材価格の高騰，気象災害，加工・流通資本の「買いたたき」による戦後最大の農業危機が発生し，農業人口の減少と地域社会の活力低下，農業による環境破壊も大きな社会問題として認識されるようになった。これを受けて，2000年代半ばから政府は過度な規模拡大を抑制している[(6)]。同じ頃，WTO対応としてCAP改革が始まり価格支持や輸出補助金が見直される中で，フランス農政は大きく再編された。有機農産物や地理的表示産品等の高品質な農産物・食品の生産に一層力を入れるとともに，CAPの環境クロスコンプライアンス導入を受けて，環境への配慮（グリーニング）強化に舵を切った。

　2014年にオランド政権下で施行された「農業，食料及び森林の将来のための法律」（農業未来法，農業基本法に相当）は，グリーニングの一環としてアグロエコロジー推進を明確に打ち出した。具体的には，「経済・環境利益集団」を組織化して，農業生産における経済的パフォーマンスと環境的パフォーマンスの「二重のパフォーマンス」を革新的な方法で達成することを目指しており，その方法としてアグロエコロジーを位置付けている（原田，2015）。なお，同法における経済的パフォーマンスとは単なるコスト削減や販売額の向上を目指すことではなく，「地域に責任を持つ主体」としての社会的評価も含めたパフォーマンスである。

　このように，フランスでは2014年の農業未来法によって既存の近代的農業推進路線から方向転換し，経営規模拡大の抑制やアグロエコロジー推進に向

（6）村田（2020）は，ドイツにおいても気候変動対策のために工業的農業からを脱却し，中小規模の家族農業を再建する動きがあることを指摘している。

かっている。これは，近年，フランスやEU諸国で重視されている多就業
（pluriactivity）や農産物・食品の高付加価値化政策と適合的である。この他
にも，フランスでは環境保全型農業として不耕起栽培や有機農業への転換を
政策的に後押ししている。不耕起栽培は，耕種農業では「常識」と考えられ
てきた耕起を控えることで土壌中の温室効果ガスを大気中に放出することを
抑制し，土壌中の微生物相を活性化することで温室効果ガスを土壌中に固定
する（Albright, 2015）。さらに，化学農薬・化学肥料を用いない有機農業を
実践することで土壌中の微生物相が豊かになれば，食物摂取を通じて人間の
体内の微生物の種類や数が増加し，健康維持に重要な役割を果たす（モント
ゴメリー・ビクレー，2016）。これは，「茶色い革命」（ブラウン・レボリュー
ション）と呼ばれ，2015年の国際土壌年以降，認知度が高まっている。さら
に，政府は2015年の国連気候変動枠組み条約締約国会議（COP21）で土壌
の炭素貯留を高める「4／1000イニシアティヴ」を提案した。これは，土
壌中に堆肥や緑肥等を施して腐植（有機物）を毎年0.4％増加させることで，
人間活動由来の二酸化炭素を土壌に固定しようとする取り組みである（UN
Climate Change, 2015）。このイニシアティヴは，地力向上による持続可能
な食料生産と気候変動対策が同時にできるとして注目されている。すでにフ
ランスだけでなく，米国やオーストラリア，ブラジル等でも不耕起栽培の取
り組みが広がり始めている（朝日新聞グローバルプラス，2019年5月23日付）。

　その後，フランスではマクロン政権の下で，学校給食等の公共調達におけ
る有機食材の調達を義務化するエガリム法1が2018年に制定され，有機農業
の大幅拡大につながると期待されている（関根，2022a）。具体的には，2022
年までに公共調達額の50％を有機農産物，高品質であることを示すラベル認
証農産物・食品，地元産農産物とし，認証を取得している有機農産物も全体
の20％以上を義務化する。また，有機農業拡大に向けたプログラム「有機農
業への大志2022」（18年6月）では，有機農業面積を農地の9％（19年末）
から15％（22年）まで拡大することも定めている。さらに，農業生産者が資
材価格の高騰を農産物価格に転嫁できるように，2022年にはエガリム法2が

施行された（関根，2022b）。

1）日本の第5次食料・農業・農村基本計画とみどりの食料システム戦略

　日本政府は，2020年3月に閣議決定された「第5期食料・農業・農村基本計画」において，中小規模の家族経営や中山間地域の農業を支援対象とし，半農半X等を農業モデルのひとつとして位置づけた（農林水産省，2020）。江藤農相（当時）は，「これまでの政策が規模拡大に偏っていたとの批判は，甘んじて受けなければならない」「今後は中小規模の家族農業も支援していく」と述べ，政府が政策転換に踏み出したことを印象付けた。

　これを受けて既存の政策の見直しが始まっており，2020年には畜産クラスター政策で家族経営を政策的支援の対象とした。2021年には，中山間地域の小規模農家を想定して，農林水産省が37の複合経営モデルを発表した。2022年の通常国会で法制化された「人・農地プラン」でも，制度的支援の対象である「担い手」に中小規模の家族経営や半農半Xを含める方針が示されている。さらに，改正農地法（2022年）は農地取得の下限面積を撤廃し，趣味的農業を含む小規模な農業を推進する体制が整備されようとしている。こうした取り組みは，世界農業遺産（GIAHS）・日本農業遺産（NIAHS）の認定制度が推進している伝統的な小規模農業システムの継承や持続可能な資源循環等の取り組みを後押しする可能性がある。

　さらに，農と食のシステムの環境的持続可能性を高めるための取り組みとして，農林水産省，消費者庁，環境省は合同で「あふの環2030プロジェクト」（2020年6月）を立ち上げ，食と農林水産業のサステナビリティを考える法人・団体・政府のネットワーク形成を目指している。農林水産省は同年9月から学校給食の有機食材調達を財政的に支援するための予算を組み，消費面からも有機農業の拡大を支援し始めた。さらに，フランスで始まった4/1000イニシアティヴに2016年から農研機構・農業環境変動研究センターや農林水産省が参加し，山梨県では2020年から実証実験が，2021年からは同農法で生産された農産物のブランド化が行われている。同年10月には菅首相

（当時）が所信表明演説で「2050年カーボンニュートラル」を宣言した。内閣府も「ムーンショット型研究開発制度」を創設して持続可能な農業技術の開発につながる研究を資金面で支援している。さらに，農林水産省は，2021年5月に「みどりの食料システム戦略」[7]を策定し，農林水産業の生産力向上と地球環境の持続可能性を両立させ，2050年までに有機農業を25％に拡大することを目指している（農文協，2021）。2022年通常国会では，同戦略の法制化が行われ，「環境と調和のとれた食料システムの確立のための環境負荷低減事業活動の促進等に関する法律」（みどりの食料システム法）が同年7月1日に施行された。

4．2050年にむけたシナリオ・プランニング

以上の国内外における農業政策の新潮流をふまえるならば，持続可能な社会への移行に資する農業経営体像は，どのように描けるだろうか。また，どのような農業体系をめざすべきだろうか。以下では，労働集約性と資源・エネルギー集約性という二つの軸にそって，4つのシナリオを検討する。第一に，労働集約性に注目するのは，農業就業人口の減少と高齢化という大きな課題が，現行の経営目標において省力化を志向させる動機となっているためであり，これを「所与」ではなく「変数」として描く狙いがある。第二に，資源・エネルギー集約性は，第2節でみたように持続可能な農と食のシステム構築や気候変動対策を考える上で最も重要な指標となるからである。

まず，上記二軸をもとに代表的な農業体系モデルを図に示した。右上の「大型機械・装置型施設を用いる『近代的』経営」は，無人走行トラクターや自動環境制御をする植物工場等が該当する。一方で省力化が極限まで進むが，他方で資本集約的で資源・エネルギー集約性は高くなる。これに対して，

（7）みどりの食料システム戦略の賛否をめぐる評価は分かれている。同戦略および日本政府がそれを発表した国連食料システム・サミット（2021年9月開催）に関する国際的議論は，関根（2021a）を参照されたい。

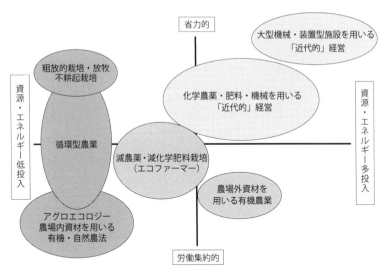

図5-1　労働集約性と資源・エネルギー集約性からみた農業モデルの位置づけ

注：筆者作成。

右下の「農場外資材を用いる有機農業」は比較的規模の大きなビジネス型有機農業であり，市場から有機質堆肥や労働力を調達する。化学農薬・化学肥料は使用しないが，大量に投入する堆肥は右上の大規模集約的な工業型畜産の存在を必要としている。左上の「粗放的栽培・放牧・不耕起栽培」は，省力的で一定の経営面積の拡大が可能であるが，粗放的なため環境負荷は少ない。左下は「アグロエコロジー（農場内資材を用いる有機・自然農法）」である。労働集約的であり，農場内や里山の資源を用いるため資源・エネルギー集約性が低い。それ以外のモデルは中間的または過渡的モデルととらえる。

　この図を念頭に置きながら，2050年にむけた農業経営体の発展方向に関する４つのシナリオを検討しよう（**表5-4**）。シナリオⅠ「インテリ系お殿様」では，IoTやAI等の新しい技術に習熟する少数精鋭のエリート農業経営体が中心となる。貿易自由化を前提に輸出にも積極的に乗り出す。省力化が進み労働生産性は高くなるが，担い手の数が少なくなり，農村人口の減少やコ

116

表5-4　2050年にむけた農業経営体の発展方向における4つのシナリオ

	資源・エネルギー低投入型	資源・エネルギー多投型
省力	**シナリオⅢ：自由な開拓民** 特徴：既成概念にとらわれない，広い大地を愛する	**シナリオⅠ：インテリ系お殿様** 特徴：エリートお殿様，新しいものが好き，海外との交易に熱心
労働 集約	**シナリオⅣ：自然と生きる百姓** 特徴：伝統・コミュニティ・家族が大事，土づくりに熱心，実は革新家	**シナリオⅡ：改革派の家老** 特徴：既存の政を刷新しようとするが，お殿様のお墨付きが必要

注：筆者作成。

ミュニティの衰退に拍車がかかることが課題である。地域の共同作業が困難になり，生産基盤の維持に懸念がある。さらに，輸出を目指すものの資源・エネルギー効率性が低く脱炭素化が遅れるため，国境炭素税を課す世界の主要市場にアクセスできない。気候変動が深刻化し災害の増加や病虫害の蔓延等によるリスクが増大する。望ましいシナリオとは言い難い。

　シナリオⅡ「改革派の家老」は，シナリオⅠの限界を乗り越えようと環境に優しい有機農業を中心とする。しかし，既存の近代的農業の体系を基盤として農業資材を農場外の化学農薬・化学肥料から農場外の生物農薬・有機質肥料に代替するので，自然の生態系とのバランスや循環がまだ成立していない。大規模なビジネス型有機農業のため雇用労働力を多く雇い入れ，地域に雇用創出をすることができるが，このモデルを成立させるにはシナリオⅠの集約的畜産が大量の有機質堆肥をシナリオⅡの農業経営体に供給する必要がある。すなわち，シナリオⅡは自己完結できない。

　シナリオⅢ「自由な開拓民」は，これまでの農業の既成概念にとらわれず，不耕起栽培や林間放牧等に文字通り自由に乗り出していく。粗放的な生産であるため省力的であり，雇用創出面のインパクトは限定されるが，一定程度の規模拡大・維持が視野に入る。無化学農薬・化学肥料で実施される場合は自然農法の体系になり，循環型農業が成立する。

　シナリオⅣ「自然と生きる百姓」は，伝統的な知恵・文化，コミュニティ，家族の維持・世代継承を重視し，「百姓」の字のごとく多就業である。経営の多角化，高付加価値化，地域資源の利用を行うPloeg（2008）がいうとこ

ろの「小農」であり，半農半X等の兼業も含む。自らが自然生態系の一部で
あることを自負する彼らは，土壌の微生物相を活性化し最大限に活用する術
を知っている。彼らは旧態依然で変化を嫌う「化石」ではなく，自家採種や
農機具制作等を通じて常に新しい技術を生み出すイノヴェーターそのもので
ある。

　以上，4つのシナリオを検討した。図の右側は「工業的」「近代的」農業
モデル，左側は「農民的」「ポスト近代的」農業モデルである。第3節でみ
たように，国連やEU，フランス等が持続可能な農業として推奨しているの
はシナリオⅢとⅣだ。その過渡的形態としてシナリオⅡも短期的に許容され
る。シナリオⅠは，資源・エネルギー効率性を高める方向で技術革新が行わ
れなければ，持続可能な農業として位置づけられることは極めて厳しい状況
だ。また，省力的技術は雇用創出や農村の人口維持にネガティブなインパク
トを与えることが懸念される。しかし，シナリオⅠを目指す農業経営者は，
基本的に勉強熱心で新しい潮流に敏感である。すなわち，新しい時代の要請
に積極的に応えようと動き出す能力と精力を有しているため，自ら次のス
テップに踏み出すことができるはずだ。

　実際，4つのシナリオは理念型であり，現実にはいずれか一つのシナリオ
に収斂することは想定しにくい[8]。しかし，今後目指すべき方向のベクト
ルを検討する上では示唆的である。気候変動を緩和し，資源・エネルギー効
率性を高める方向を目指すならば，ベクトルは右から左へ向かうことは明ら
かである。農場外の資源・エネルギーへの依存度が低いシナリオⅢとⅣは購
入すべき資材が少なく，安全で環境負荷の少ない農産物は需要が高いため，
収益性の高い経営を実現できる。ストレスの少ない環境で育つ家畜は病気に
かかりにくく，抗生物質への依存度が下がるため，家畜も人間も健康的にな
る。多面的価値が発揮されるため，災害に強い国土，赤トンボやミツバチが
飛び交う環境，美しい棚田の景色，にぎやかな祭囃子がよみがえり，社会保

（8）多様な農業の「共存」か「対抗」，かという問題については，関根（2021b）
　　を参照されたい。

障費も膨張から一転して抑制される。農業から波及する社会全体の好循環が生まれる。

　最大の課題は，人口減少と高齢化が進む日本において労働集約的な農業を目指すことができるかだ。仮にフォアキャスティング的思考をするならば，シナリオⅣという選択肢はありえない。しかし，バックキャスティング的思考をするならば，これは十分あり得るシナリオになる。人口減少と高齢化を「与件」とせず政策次第で変わる「変数」だと理解するならば，新しい発想が可能になる。働き方改革や子育て環境，育児手当の改善によって少子高齢化の流れを変えることは可能であるし，都市に集中しすぎた人口が田園回帰によって農村に逆流する流れはコロナ禍とテレワーク拡大の影響で今後加速するだろう。EUやフランス等の政策を参考に取り入れ，農業の収益性向上や所得保障水準を引き上げることができれば，非正規雇用が労働力市場の4割に迫る（若年層では5割）日本では，大規模な労働力人口の移動は十分に起こりうる。そのためには，農業の所得（経済面）だけでなく，社会的評価や半封建的な家族関係，農村の住環境（社会面）も改善する必要がある（関根，2020b）。2050年には，子供たちの「将来就きたい職業ランキング」の10位以内に農業が入っているように，農業の多面的価値と持続可能な社会のセンターピース（中心）としての役割を社会に広く周知する必要がある。また，農業経営体における女性や若者の地位を向上させ，誰にとっても働きやすい環境を創ることは世代交代に欠かせない。

5．おわりにかえて―すでに始まっている未来―

　本章では，国連やEU，フランス，日本の近年の政策動向を俯瞰しながら，「2050年までに持続可能な社会に移行する」という目標に資する農業経営体像を検討してきた。結論として，第4節のシナリオⅢまたはⅣへの漸進的移行という流れを描いた。日本は南北に長い国土と多様な気候，中山間地域，離島，平地，盆地，干拓地等の多様な農業が共存している。地域の数だけ描

くシナリオの数もあるはずだ。同時に，共通する方向性として，資源・エネルギー効率性という新たな経営目標（環境的指標）とコミュニティの持続可能性（社会的指標）を経済的公正性（経済的指標）とともに追求するという目標が見えてきた。農業の多面的価値（第2節）の発揮は，経済面だけでなく，環境面，社会面の持続可能性がともに実現されることで可能になる。最後に，2050年にむけて実施・強化すべき政策をまとめる。

（1）気候変動対応型農業への抜本的シフト：アグロエコロジーの推進

　第一に，日本は，気候変動に対応できる多様性とレジリエンスを備え，資源・エネルギー効率性と土地生産性が高いアグロエコロジーの推進に舵を切る。それにより，農村地域には雇用が創出され，生活基盤，生産基盤の回復を望むことができる。広大な農地や山林があり，人口が少ない地域においては，放牧や不耕起栽培等の粗放的な農業が有力な選択肢となる。日本では慣行農法の土地生産性が高いため，アグロエコロジーへの転換によって単収が大幅に増加することは期待しにくい。しかし，単収を維持したうえで環境保全，栄養と食の安全，健康，気候変動対策等にポジティヴな影響があるならば，総合的に考えてアグロエコロジーへの転換は社会全体にとって望ましい目標として共有される。

　すでに実施されている有機農業推進法，環境保全型農業直接支払制度等の基盤を活かし，有機農業・自然農法・産消提携等の1970年代から受け継がれてきた取り組みを継承・拡充し，世界・日本農業遺産（GIAHS・NIAHS）等で伝承されている伝統的で持続可能な営農システムの知恵や実践を普及していくことが求められる。世界農業遺産に指定されている徳島県のにし阿波の傾斜地農耕システム，流域の持続可能な生態系を維持する宮崎県の高千穂郷・椎葉山の山間地農林業複合システム，琵琶湖と共生する農林水産業，兵庫県のコウノトリ育む農法等の先進的取り組みが規範となる。農研機構や大学等は，農家による実践に学びつつ，土壌の炭素貯留や不耕起栽培等，脱炭素社会の構築に向けた研究を通じて政策に科学的根拠と具体的方法論を与え

ることが期待される。アグロエコロジーの普及のためには，EUのように直接支払交付金の要件に環境保全を組み込む環境クロスコンプライアンスや有機農業への追加的支払いのほかに，環境保全型農業に関する研究・教育・普及・指導体制の整備，農産物・食品流通における地産地消・地域市場の支援，および学校給食等の公共調達における仕入れ割合の目標設定等を実施する。食農教育を通じた子ども・消費者・市民の啓発活動も中長期的に重要である。

（2）小規模・家族経営への政策的支援強化

　持続可能な農業の形態を推進する場合，優位性（スモールメリット）を発揮する経営体として，これまでは政策支援の対象には必ずしもなっていなかった小規模経営や家族経営が「農と食の守り人」（門番）として浮かび上がる。そこには，自給的農家，半農半X，定年帰農，都市農業，市民農園，趣味的農業・生きがい農業を含む多様な営みが含まれる。農業経営体の数が劇的に減少するなかで，こうした「小さな農」を志す人たちは着実に増えている。多様な農業を営む人たちが，自発的に日本の食料・農業・農村・環境・国土・文化を支える担い手になる。これは福岡正信氏が理想とした「国民皆農」に近づいていく姿かもしれない。

　実際，愛知県豊田市では2009年の農地法改正による規制緩和以前から，特区制度を活用して農地取得下限面積（50a/戸）を10a/戸に緩和して参入障壁を下げ，地元の企業退職者や主婦等の住民が2年間，農業技術を学べる農ライフ創生センターをJAあいち豊田と豊田市が共同で運営し，新規就農者を増やしている。この地域では，生業としての小さな農業や生きがい農業の潜在力にいち早く気付き，多様な農業による地域資源の保全とコミュニティの持続可能性を展望していた。同センターでは，昔ながらの非電化農機の使い方を伝授するワークショップも実施している。小さな機械は低価格でエネルギー効率性が高く，壊れても修理しやすい。農地法の規制緩和により，自治体の裁量で農地取得の下限面積を引き下げるケースが徐々に増えてきた。2022年の改正農地法の下で，こうした動きはさらに拡大すると見込まれる。

現在，統計が簡素化されて自給的農家や農家定義未満の小規模な農的営みの実態は把握できていない。家庭菜園や市民農園，コミュニティ・ガーデン，学校菜園（エディブル・スクールヤード）も幅広い「いのちの営み」として位置づけて実態を把握し，多様な支援のあり方を検討するときだ。

　これまでは，貿易自由化を前提として国際競争力をつけるために経営規模を拡大し，人件費を節減するために機械化を進めることにまい進してきた経営体もある。しかし，序章にあるように脱グローバル化という流れが顕著になり，コロナ禍の発生によって生命維持に不可欠な食料等の物資を国産化する政策が強まったことを考慮するならば，今後，経営規模の拡大は唯一無二の経営目標ではなくなるだろう。むしろ，国境炭素税導入に見られるように，必要不可欠でないものを温室効果ガスを発生させてまで地球の裏側から調達する行為は，今後は厳しく問われることになる。これまで経営規模の拡大にまい進してきた経営体は，2050年までに進路の選択を迫られるだろう。実際，これらの経営体では後継者が育っていないケースが少なくない。世代交代の際に，ひとつの答えが出てくる可能性がある。

（3）小規模分散型の生産・消費システムの構築

　今日のグローバルな農産物・食品の流通や業務・加工用需要の増大を考慮すれば，小規模な家族農業によるアグロエコロジーを推進すると大口需要を満たすことができないのではないかと心配する向きもある。確かに，フォアキャスティングで考えるならば，やはり大規模で環境負荷の高い農法を続けるか，海外からの輸入品に頼るのもやむを得ないという結論になる。しかし，バックキャスティングで考えるとどうなるだろうか。長距離輸送による大量の食品ロスや温室効果ガスを生み出す現行のグローバルな食のシステムを前提とせず，食品由来の健康問題の原因の多くを占めるとされる加工度の高い食品への依存やそれに支えられた長時間労働を前提とせず未来を描くことができるとしたら，私たちはどのような農と食のシステムを望むだろうか。今より小規模で分散型の生産・消費システムを構築し，今より多くの人びとが

日常的に農的営みを身近に体験し，ワークライフバランスを実現して，家族や友人と食卓で手作りの季節の料理を囲む回数が今より増えているとしたら，そのとき社会が求める農業のあり方もまた変化しているのではないか。つまり，何を「与件」と考え，何を「変数」ととらえるか次第で，描ける未来図は無数にある。

　小規模・分散型の生産・消費システムの実現には，産消提携の普及，公共調達における地産地消，有機農産物の調達率向上のほかに，各小学校区（子どもが徒歩で通える範囲）に安全・新鮮で手の届く価格の農産物・食品を入手できる朝市を開設することや，地域の中小規模の食品加工業者と農業経営体の連携による加工度の低い食品の製造・販売，飲食店等との連携によるツーリズムや食農教育等の可能性が広がっている。愛知県名古屋市のオーガニックファーマーズ朝市村は，有機農産物の直売の拠点として地域の食を支えているだけでなく，有機農業を志す新規就農者のインキュベーター（孵化装置）になっている。

（4）人権レジーム（規範）と新たな農と食のガバナンス（統治）の確立

　最後に，環境的，社会的，経済的持続可能性を実現する上で欠くことができないのは，「よいガバナンス（統治）」である（FAO, 2014）。また，食料への権利や食料主権，食料安全保障は，国際的にますます人権レジーム（規範）の下で議論されるようになっており，生存権の保障の枠組みに位置付けて議論しなければならない。国連総会が2018年に採択した「農民と農村で働く人びとの権利宣言」（**表5-3**）は，食料主権，種子への権利，土地への権利，生物多様性への権利，結社の自由とともに，不平等・差別の禁止，農業女性と農村で働く女性の権利等を定めている（小規模・家族農業ネットワーク・ジャパン，2019）。同宣言の背景には，「食料危機の原因は低開発にあるのではなく，権利保障の不十分さにある」という国際社会の画期的な意識転換があった。食を誰もが入手できるコモン（共有財）として位置づけ，農はそれを供給する公共性の高い営みとして再定置されなければならない。

人権レジームに依拠した農と食の「よいガバナンス」のためには，当事者（農業生産者から消費者にいたる食料システムの関係者）が，ボトムアップで声を上げ，政策，制度，政治に意見を反映することができる仕組みを再構築する必要がある。パブリックコメントを短期間実施するだけでは，こうした声をすくい上げることはできない。EUのように長期間のパブリック・コンサルテーションを実施し，すでに決められた政策をトップダウンで「丁寧に説明する」のではなく，「実質的な対話をする」ことこそ求められている。また，教育機関はこうした政策対話をする技量とコミュニケーション能力を持つ人財を育成する必要がある。

　今日多用される「持続可能性」「SDGs」「グリーン」という言葉は，ますますその内容を検証する必要性が高まっている。環境保全を謳いながら実際は既存の工業的農業の路線をさらに強化する流れを，市民社会は強く糾弾している。市民社会が求めているのは，単に環境に優しいだけの農業ではなく，社会的に公正で民主的な農と食のシステム，すなわちアグロエコロジーへの転換である。

　そのためには，実験室で科学者が開発した最先端技術を偏重せず，すでに農家の手によって確立され，実践されている技術（経験知や暗黙知，女性の知識，先住民の知識を含む）を排除しないように，農と食のシステムにおける責任あるガバナンス（統治）を実施することが求められる。日本でも農業試験場や大学，企業の研究室で開発された農業技術や新品種をトップダウンで農家に普及する従来の研究開発・普及のモデルを見直すときが来ている（関根，2021c）。

　2050年は遠い未来ではない。私たちの足元ではすでに持続可能な社会への移行に向けた取り組みが，あちらこちらで芽吹いている。国連やEU，フランス等にみられる新たな農業政策の潮流は日本と決して無縁ではない。むしろ，日本農業が今の危機を乗り越えるために重要な示唆を与えているように思われる。持続可能な社会への移行に向けて，行政や政治だけでなく，教育・研究機関も大きな変革を迫られている。

引用・参考文献

Albright, M. B.（2015）*The Brown Revolution: Why Healthy Soil Means Healthy People*. National Geographic.

ETC Group（2017）*Who Will Feed Us? The Peasant Food Web vs. The Industrial Food Chain*. ETC Group.

European Commission（2017）*The Future of Food and Farming*. Brussels: European Commission.

European Commission（2020）*Farm to Fork Strategy: For a fair, healthy and environmentally-friendly food system*. Brussels: European Commission.

Fakhri, M.（2020）*Interim report of the Special Rapporteur on the right to food*. The United Nations General Assembly.

FAO（2014）*SAFA, Sustainability Assessment of Food and Agriculture Systems Guidelines*. Version 3.0. Rome: FAO.

FAO（2018a）*The 10 Elements of Agroecology: Guiding the Transition to Sustainable Food and Agricultural Systems*. Rome: FAO.

FAO（2018b）*FAO's Work on Family Farming: Preparing for the Decade of Family Farming（2019-2028）to achieve the SDGs*. Rome: FAO.

FAO（2018c）*Family Farmers Feeding the World, Caring for the Earth*. Rome: FAO.

FAO and IFAD（2019）*United Nations Decade of Family Farming 2019-2028. Global Action Plan*. Rome: FAO and IFAD.

FAO and IsDB（2019）*Climate-Smart Agriculture in Action: From Concepts to Investments*. FAO and IsBD.

FAO, UNDP and UNEP（2021）*A multi-billion-dollar opportunity - Repurposing agricultural support to transform food systems*. Rome: FAO.

深澤竜人（2014）『市民がつくる半自給農の世界─農的参加で循環・共生型の社会を』農林統計協会。

ハニーカット，ゼン著，松田紗奈訳『あきらめない─愛する子供の「健康」を取り戻し，アメリカの「食」を動かした母親たちの軌跡』現代書館。

原田純孝（2015）「フランスの農業・農地政策の新たな展開─『農業，食料及び森林の将来のための法律』の概要─」『土地と農業』(45)：45-65。

HLPE（2013）*Investing in Smallholder Agriculture for Food Security*. A report by the High Level Panel of Experts on Food Security and Nutrition of the Committee on World Food Security, Rome（邦訳（2014）『家族農業が世界の未来を拓く─食料保障のための小規模農業への投資─』農文協）。

HLPE（2019）*Agroecological and other innovative approaches for sustainable agriculture and food systems that enhance food security and nutrition*. A report by the High Level Panel of Experts on Food Security and Nutrition of the Committee on World Food Security, Rome.

IAASTD（2009）*Agriculture at a Crossroads: International Assessment of Agricultural Knowledge, Science and Technology for Development.* IAASTD.

IPCC（2018）Global warming of 1.5℃．IPCC.

岩本泉（2015）『現代日本家族農業経営論』農林統計出版。

北川寿信（2016）「農業成長産業化という妄想—安倍農政がヨーロッパ型農業から学ぶべきこと」『世界』岩波書店。

北川哲雄編（2019）『バックキャスト思考とSDGs/ESG投資』同文舘出版。

国際連合広報センター（2019）「国連気候変動行動サミット2019」https://www.unic.or.jp/news_press/features_backgrounders/34275/（2020年2月11日参照）。

Matthews, Alan（2020）Agriculture in the European Green Deal. CAP REFORM. http://capreform.eu/agriculture-in-the-european-green-deal/（2020年1月27日参照）.

モントゴメリー・デイビッド，ビクレー・アン『土と内臓—微生物がつくる世界—』築地書館，2016年。

村田武（2020）『家族農業は「合理的農業」の担い手たりうるか』筑波書房。

内閣府（2020）「Society5.0とは」 https://www8.cao.go.jp/cstp/society5_0/index.html（2020年2月11日参照）。

新山陽子（2014）「『家族経営』『企業経営』の概念と農業経営の持続条件」『農業と経済』80(8)：5-16。

日本農業経営学会編（2018）『家族農業経営の変容と展望』農林統計協会。

農文協（2021）『どう考える？「みどりの食料システム戦略」』農文協。

農林水産省（2020）『食料・農業・農村基本計画』農林水産省。

欧州連合日本政府代表部（2019）「EUの共通農業政策の現状と今後の展望」https://www.eu.emb-japan.go.jp/files/000549223.pdf（2020年1月27日参照）.

Pimbert, M.（2015）Agroecology as an Alternative Vision to Conventional Development and Climate-smart Agriculture, *Development* 58(2-3)：286-298. doi:10.1057/s41301-016-0013-5

Ploeg, J. D. van der（2008）*The New Peasantries: Struggles for Autonomy and Sustainability in an Era of Empire and Globalization*, London: Earthscan.

Pretty, J.（2006）*Agroecological Approaches to Agricultural Development. Background Paper for the World Development Report 2008*, RIMISP.

Pretty, J., A. Noble, D. Bossio, J. Dixon, R. E. Hine, P. Penning de Vries, and J. I. L. Morison（2006）Resource conserving agriculture increases yields in developing countries. *Environmental Science and Technology* 40(4)：1114-1119.

ロセット・ピーター，アルティエリ・ミゲル著，受田宏之監訳，受田千穂訳『ア
グロエコロジー入門―理論・実践・政治』明石書店，2020年。

酒井富夫（2018a）「本書の目的と歴史的事実」日本農業経営学会編（2018）『家族
農業経営の変容と展望』農林統計協会：1-9。

酒井富夫（2018b）「本書のまとめと学説上の位置づけ」日本農業経営学会編
（2018）『家族農業経営の変容と展望』農林統計協会：207-213。

Schutter, O. D.（2014）*Final Report: The transformative potential of the right to food, Report of the Special Rapporteur on the right to food*, United Nations General Assembly.

関根佳恵（2022a）「世界における有機食材の公共調達政策の展開―ブラジル，ア
メリカ，韓国，フランスを事例として―」『有機農業研究』14（1）：7-17。

関根佳恵（2022b）「価格転嫁 フランスは法整備―生産費を基に納価形成―」『日
本農業新聞』2022年8月29日付，12面。

関根佳恵（2021a）「グリーンでスマートな農業？―農と食の持続可能性をめぐる
分岐点―」『世界』（949）：239-247，岩波書店。

関根佳恵（2021b）「小規模・家族農業の優位性：新たな経営指標の構築と農政転
換」『有機農業研究』13（2）：39-48。

関根佳恵（2021c）「EUにおける有機農業の研究・革新と普及」『有機農業研究者
会議2021』2021年8月26日開催。

関根佳恵（2020a）「持続可能な社会に資する農業経営体とその多面的価値―2050
年にむけたシナリオ・プランニングの試み―」『農業経済研究』92（3）：238-252。

関根佳恵（2020b）『13歳からの食と農』かもがわ出版。

関根佳恵（2019）「国際農政の大転換といかに向き合うか」『農業経済研究』91
（2）：221-224。

資源エネルギー庁（2022）「あらためて振り返るCOP26」https://www.enecho.
meti.go.jp/about/special/johoteikyo/cop26_02.html（2022年10月16日参照）

小規模・家族農業ネットワーク・ジャパン（SFFNJ）編『よくわかる国連の家族
農業の10年と小農の権利宣言』農文協，2019年。

UN Climate Change（2015）Join the 4/1000 Initiative - Soils for Food Security and Climate.https://unfccc.int/news/join-the-41000-initiative-soils-for-food-security-and-climate（2020年2月23日参照）.

UNCTAD（2013）Trade and Environment Review 2013: *Wake Up Before It Is Too Late, Make Agriculture Truly Sustainable Now for Food Security in a Changing Climate*. UNCTAD.

柳村俊介（2018）「家族農業経営の変容を捉える視点―家族的要素と企業経営要素
の併存―」日本農業経営学会編（2018）『家族農業経営の変容と展望』農林統計
協会。

WFO（2019）News & Event（https://www.wfo-oma.org/wfo_news/global-launch-of-the-un-decade-of-family-farming-2019-2028/）（2019年 7 月15日参照）。

第6章

都市農村対流時代に向けた農村政策の要点
—地方分散シナリオを見据えて—

図司　直也

1．はじめに—農村政策20年の到達点

　本章では、食料・農業・農村基本法において本格的に位置付けられた農村政策に焦点を当てる。内容としては、まず農村政策が登場した背景とこの20年にわたる変遷を振り返った上で、農村の現局面を捉えながら、本書の目指す30年先のあるべき農村像を描き、そこへの道筋となる地方分散シナリオを見据えて、これからの農村政策に求められる要点を投げかけたい[1]。

　農村が政策上主要な対象となった背景には、「中山間地域」問題の登場が大きく影響したものと考えられる。「中山間地域」という言葉を政策サイドが使い始めたのは、1988年の米価審議会小委員会報告で、その中で「平地の周辺部から山間部に至る、まとまった平坦な耕地の少ない地域」全体を指すものとされた（小田切，2021）。この時期には、過疎地域において農林地を管理する主体が不在となり、耕作放棄地が急速に増大する「土地の空洞化」が進んでいた。さらに、ガット・ウルグアイ・ラウンドが開始され、農産物市場開放の見通しが広がる中で、特別な対策を講じる対象として生産条件不利地域の扱いが焦点となり（橋口，2022）、1992年のいわゆる「新政策」（「新しい食料・農業・農村政策の方向」）において、農村政策が公式に農政に位置付けられた。

（1）本章における農村政策の変遷に関する内容は、図司（2022a）をもとに加筆し一部再掲している。

そして、1999年に制定された「食料・農業・農村基本法」において、「農村」が法律名に明記され、農村政策が本格的に打ち出される。新基本法では、農業・農村に対して「食料の安定供給の確保」と「多面的機能の十分な発揮」への期待を掲げ、農村政策には「総合的な振興」（第34条）を求めた。

　しかし実際は、農村政策は基本的には地域資源管理の傾斜を強め、農村政策と多面的機能、また構造政策との関係でも齟齬を来し、農村政策のビジョンを示せないままに20年を経てきた（安藤，2019）。その中で頻繁に取り上げられた表現が「産業政策と地域政策の車の両輪」である。2005年に出された「経営所得安定対策等大綱」では、産業政策と地域振興政策を区分して農業施策を体系化する図式が描かれ、前者には担い手に対象を絞る「経営安定対策」、後者には、地域ぐるみの共同活動で地域資源管理を維持する「農地・水・環境保全向上対策」が位置づいたが、全体としては「農村政策の間口を狭める」方向に作用した（小田切，2021）。

　中長期的な農政の指針を打ち出す2015年の「食料・農業・農村基本計画」でも、その冒頭に「車の両輪」の表記が残っていた。しかし、農村政策としては、日本型直接支払が前面に出る他は、農泊、鳥獣被害、ジビエなど個別の事業に限定された。他方で、2014年からの地方創生の動きも加わって、内閣府や総務省などの他府省から、小さな拠点や地域運営組織、地域おこし協力隊など、農村に関連した地域づくりの担い手形成や人的支援の施策が積極的に打ち出された。このような動きを受けて、農林水産省の農村政策に対しては、中央省庁再編で国土庁から引き継ぐことを期待された「総合的な政策の企画・立案・推進」の役割が忘れ去られており、基本法施行20年の成否の検証と国民全体の視点での農村政策の再構築を求める声も挙がっている（中山間地域フォーラム，2019）。

　こうして「農村政策の空洞化」が指摘される中、2020年3月末に閣議決定された新たな基本計画において、農村政策では、「しごとづくり」「くらしづくり」「活力づくり」という「三つの柱」による体系化が図られている。具体的には、「農村を維持し、次の世代に継承していくために、所得と雇用機

会の確保（しごと）や、農村に住み続けるための条件整備（くらし）、農村における新たな活力の創出（活力）といった視点から、幅広い関係者と連携（仕組み）した「地域政策の総合化」による施策を講じ、農村の持続性を高め、農業・農村の有する多面的機能を適切かつ十分に発揮していくこと」（括弧内は筆者が加筆）にねらいが置かれている。

このうち「しごとづくり」では、農泊やジビエの利活用、農福連携の推進といった従来の事業に加えて、6次産業化の考え方を拡張し、多様な地域資源、事業分野、主体を組み合わせ新しい事業を創出する「農山漁村発イノベーション」が登場している。また、「活力づくり」では、「農村で副業・兼業などの多様なライフスタイルを実現するための農業と他の仕事を組み合わせた働き方である「半農半X」やデュアルライフ（二地域居住）をはじめ、多様な農への関わりを視野に入れている。

新計画策定後、直ちに「新しい農村政策の在り方に関する検討会」と「長期的な土地利用の在り方に関する検討会」が立ち上がり、2022年4月に「地方への人の流れを加速化させ持続的低密度社会を実現するための新しい農村政策の構築」を最終取りまとめとして公表し、具体的な事業化が始まりつつある。それと並行して基本法見直しに向けた検証作業が行われており、新たな基本法において農村政策がどのように位置づくか注視したい。

2．広がる田園回帰と「むら・むら格差」

改めて農村政策の20年を顧みると、現場には「集落支援員」や「地域おこし協力隊」をはじめ「地域サポート人材」関連の制度が登場したインパクトが大きかっただろう。2000年代に入って、農村に若者たちの姿が目立つようになり、彼らには「なりわい」づくりという共通項が見出されている[2]。ここで言う「なりわい」は、生活の糧を得る「仕事」、自己実現につながる

（2）「なりわい」については、筒井・尾原（2018）、筒井（2019）を参照されたい。

「ライフスタイル」の転換、そして、地域資源の活用や地域課題の解決を意識した「地域とのつながり」の３つの要素を含むもので、単なる引っ越しとは明確に区別される。彼らには、これまで農村に暮らしてきた上の世代の知恵や技術、文化への共感があり、それを自分たちも引き継ぎ、その価値を今の時代に合うように磨き直そうとする志向が見られる。このような「なりわい」の豊かさが農村の魅力となり、自分なりに農ある暮らしを創り上げようと就農定住を目指す若者たち（図司，2019a）や、農山村の未来を切り拓くソーシャル・イノベーターとしての成長を見せる若者たち（図司，2019b）には、農村の将来を前向きに捉える姿勢が共通し、定常型社会に向けたフロンティアとして農村を捉える萌芽的な視点も見出されている[3]。

それに対して、地域住民の側の目線はどうだろうか。現行基本法のもとで、中山間地域における多面的機能の確保を目的に導入された中山間地域等直接支払制度も、2020年から第５期対策に入っている。しかし、第５期当初の交付面積は63万９千haと、第４期末に比べて２万６千ha減少し、現場での持続力に綻びが見え始めている。また、第４期対策で行われた中間年評価でも、協定役員の平均年齢が開始時から10歳上昇している状況が明らかになり（第１期54.8歳→第４期64.3歳）、担い手の高齢化が進んでいる（農林水産省農村振興局，2018）。しかし集落協定の中で人材確保に対する考えは、「地域外から取り込む予定ない」が58％、「実施したいが、具体的な検討せず」も36％と、次世代への継承を意識した当事者の動きは弱い。集落を活用した農村政策の意義を認めながらも、「農村社会が抱える問題の領域が地域資源の維持管理を超え、制度での対応には限界が来ているということかもしれない」と、

---

(3) 月刊『ソトコト』編集長の指出一正氏は、地域のことを思いながら、やりたい農業に挑戦し、質的変化を起こしている若者たちを「アグリローカルヒーロー」と称し、都会で活躍するクリエーターが、こだわりを持って食べものを生産する同世代の若者に、同じクリエーターとして共感を覚え、「農業はカッコいい」と発信するようになっている、と指摘する（指出・図司，2019）。また、広井良典氏は、「定常型社会」を、右肩上がりの成長、特に経済成長を絶対的な目標としなくとも十分な豊かさが実現されていく社会と示している（広井，2001）。

20年継続してきた制度疲労も指摘されている（安藤，2019）。

　全国過疎連盟のアンケート調査からも、若者たちの田園回帰という新しい潮流に対して、過疎市町村の64.1％が「実感できていない」と回答し、過疎地域住民を対象とした場合も、53.1％が「実感できていない」という結果が示されている（全国過疎地域自立促進連盟，2020）。総務省の過疎問題懇談会でも、田園回帰の潮流をとらえ、人口の社会増を実現している地域も出てきた一方で、人口の社会減少率の高い自治体も存在する「むら・むら格差」の顕在化を指摘している。

３．30年先のあるべき農村像から導かれる地方分散シナリオ

　今日の農村は、少子高齢化と人口減少の傾向は止まらない現状にある。その中に、まだら模様ながらも田園回帰の動きから次世代に託す希望が見出せるならば、政策はそれをどう具体的な形にすべきなのか。

　実は新型コロナウイルス感染拡大のために開催中止となった2020年度日本農業経済学会シンポジウムにおいて、座長から筆者に対しては「2040年を見据えたビジョンの構築」として、「従来からの議論を超越して、新しい世代が創造しつつある農村回帰の価値観から描き出されるシナリオ、そこに求められる農村政策の展望について大胆に提示を」という農村の厳しい現状と未来への可能性を捉えた報告が求められていた（玉・木村，2019）。

　本書ではその議論を下地にして、30年先のあるべき姿をビジョンとして描き、そこへの到達方法をバックキャスティングの手法を通して、「農業の多面的価値」を明確にしようとしている。30年先の農村は、今日の田園回帰を牽引する団塊ジュニア世代も含んだ形で、高齢者人口がピークになることが予測されている。一方で、世代人口は年々少なくなり、1947-49年生まれの団塊世代の270万人に対し、1971-74年生まれの団塊ジュニアが200万人、さらに2013-15年生まれはその半分の100万人と、世代が下るほど担い手のボリュームは薄くなっていく。中山間地域も、2040年には高齢化率が50％前後

となり、人口も2015年比で半減するなど、数値的に厳しい推計が出ている（農林水産政策研究所，2019）。

　このように団塊ジュニア以下の世代は、「逃げられない世代」として人口減少を受け止めざるを得ない境遇にある。その中にあって、農山村に向かう顔ぶれには、結婚や子育て、転職といったライフステージの変化に合わせて暮らし方を選択する柔軟な発想を持ち、自分の立ち位置で明るい未来を描こうとする姿勢が見出される。また、これまでのように地方から都市に向けて若者世代が一方的に流出するだけでなく、農村を充実したライフスタイルを享受できる場所と前向きに捉えて、農村を目指す逆の流れも生まれ、都市と農村のイイトコドリをしながら両者の間で流動性が高まる時代、いわば都市農村対流時代に向かう兆しが感じられる。これは、地球環境における「制約」を土台にしながらも、その上に構築できる新たな価値を創出し、豊かな暮らしの「未来像」を描き出すバックキャスト思考とも重なり合う（石田・古川，2018）。

　このような30年先の農村の「より良い未来像」を考える上で、2つの条件を設定したい。ひとつ目の条件は、〈SDGsの理念〉＝SDGsが目指す「誰一人取り残されない社会の実現」という理念が国民全体に共有され、農業・農村の持続的な発展に向けて社会を大きく変えていく選択肢である。池上（2018）は、SDGsが目指す「永続的な発展」が、環境・資源の利用機会に関して世代間の衡平な配分や世代内の公平な分配を唱えている点に着目し、その幅広い可能性を指摘している。それを敷衍すれば、農村と都市それぞれが役割を理解し尊重し合う姿勢がなければ、社会的な投資を地方にも呼び込むことは叶わず、地域間格差の是正もままならない。その点で、世代間の相互理解、分野間の接続、そして地域間の共生を図る補助線としてSDGsは大きな役割を担っている。

　二つ目の条件は、〈社会インフラ〉＝ICT、エネルギー、モビリティー分野における自律分散型技術革新の度合いである。Society 5.0に体現される技術革新が、大規模で都市を中心に活用される現状のレベルに留まらず、技術

表6-1 4つのシナリオから描き出される30年先の農村像

		社会インフラ（ICT，エネルギー，モビリティ）【技術革新・小規模化進む】	【技術停滞・大規模のまま】
「誰一人取り残されない社会の実現」SDGsの理念	【変革強める】＝都市農村共生 多様な担い手 共感経済 多様なコミュニティ形成	**地方分散シナリオ** ○農村への理解・関わり広がる。 ○インフラ整備進み，幅広い世代で移住進む。 ○遠隔サポート体制も進み，出生率が改善，高齢まで住み続けられる。 ・個人ベースでも移動・医療対応可能に。 ・自然再生エネルギーを活用し，エネルギーの域内自給・循環進む。 ・地産地消が進む。 ・IoTを活用した農村SOHOが活発に。 ・小規模農家でも多業で収入得られる。 ・IoTとマンパワーを組み合わせた獣害対策 ・民間企業による社会的投資進む。 ・外国人ツーリストの長期滞在，移住，起業も。	○農村への理解は広がるが，インフラ整備は現状ベース。 ○若者の田園回帰進むも，地方移住は一部で，限定的。 ○高齢での居住は困難な環境。 ・車中心社会で，高齢で移動困難に。 ・エネルギーは域外依存で，資本は流出。 ・計画的なムラおさめと国土保全対策を別途打ち出す必要。 ・農村文化の消滅，保存対応 ・農村の地域間格差の拡大も。
	【希薄化する】＝社会保障・公的支援の縮小 自己責任論 コミュニティ弱体化 地域間格差 所得間格差	○インフラ整備進むも，個人の都合で居住。一時的居住も増える。 ・食料・エネルギーは，経済力に応じ域外からも購入。地場消費の後退。 ・スマート農業の可能な農地のみ維持。 ・農業に結びつかない農村の暮らし方 ・土地への愛着形成弱まる。 ・共同作業の必要性薄れ，共助の後退に。 ・国土管理もIoTによる遠隔管理，分業化。	○インフラ整備は現状ベース。社会保障，共助も後退。 ・個人主義進み，生活の格差も拡大。 ・高齢で離村か，孤独死の選択に。 ・無計画な集落消滅 ・荒廃する国土 **都市集中シナリオ**

資料：筆者作成（図司（2020）から再掲）

革新により小規模での活用が可能となり、コミュニティを単位とした新たな社会調和メカニズムが生み出される選択肢が用意される必要がある。

　表6-1は、この2つの条件を表側と表頭に取り、それぞれの組み合わせから描き出される4つのシナリオと30年先の農村像の試論である。この中で一番望ましい選択肢は左上の枠、つまり、〈SDGsの理念〉が国民に共有され、社会変革が進められる条件とともに、〈社会インフラ〉技術の小規模化が可能となった時に、より持続可能な農村を展望できそうだ。

　「誰一人取り残されない社会の実現」が国民に理解され、社会インフラの技術革新が進めば、地方や農村への新技術展開も現実のものとなり得る。そこから描かれる未来には、例えば、人口が少ない地域であっても、医療福祉の遠隔サポート体制が進み、子どもを産みやすい環境が整うことで、出生率が改善される。あるいは、個人での移動がMaaSを活用して容易になれば、高齢になってもコミュニティへの関わりが続き、地域に愛着を持って住み続

けられる、といった場面が考えられる。また、自然再生エネルギーや地域農業も、小規模で活用できる技術革新が伴えば、食やエネルギーの地産地消を進め、地域経済の循環も図られる（藤山編，2018）。さらにIoT環境が整えば、都市とつながった農村SOHOでの仕事やインバウンドの動きも活発となり、日本の農村文化の価値を高めるツーリズム関連事業のすそ野も広がるだろう。

４．地方分散シナリオを具体化させる地域づくりの現場

　改めて農村の現場に目を向けてみると、地方分散シナリオの道筋を具体化した地域づくりの実践が各地で展開し始めている。まず、〈SDGsの理念〉を具体化する動きは、都市部からも多様な人材が関わる「農的関係人口」の取り組みに見出すことができる。

　長野県泰阜村のNPO法人グリーンウッド自然体験教育センターは、村の地域力や教育力を生かす「山村留学」を30年にわたって継続し、夏と冬の山賊キャンプにも毎年1000人を超える子どもたちが集まる。今日では、行政も「教育立村」を掲げるようになり、村民が様々な形で関わりを持つ社会的事業に成長している。また、山村留学を終えて都市部に戻った卒業生が、再び村に移住する（代表の辻英之さんは"Sターン"と表現）人材還流にもつながっている。

　鹿児島県枕崎市のNPO法人子育てふれあいグループ自然花（じねんか）は、児童養護施設スタッフ有志が、親子関係や子育て環境の諸問題に向き合える場を求めて施設を飛び出し、過疎化が進む木口屋集落の空き家を借りて、地域をフィールドに子ども達の遊び場を生み出してきた。子どもの声が集落に聞こえるようになると住民が次第に自然花の活動を手伝い始め、公園を造成したり、野菜や食事を一緒に作る交流に発展している。近年では、集落を離れた他出者や縁戚者も集落の草刈りにも顔を出し、集落へのUターンを考える声も届いている。

　千葉県いすみ市で「持続可能ないすみ」を目指すローカル起業プロジェク

トは、地域のつながりと資源を上手に活かして起業したい人を応援するプログラムとして、いすみローカル起業キャンプ（合宿ワークショップ）やいすみローカル起業部（グループコーチング）などを開催する。そこには、起業した先輩移住者だけでなく、地元の商業者や役場職員なども一緒になって、地域に根差す小商いを増やそうと高め合うチャレンジ精神が見られる。

　同じいすみ市のNPO法人いすみ竹炭研究会の活動も興味深い。研究会では、放置竹林から伐り出して作った竹炭を、放棄された里山の土壌に還元し、地力を取り戻す循環型の再生活動を進める。地主からの依頼を受けると、活動に賛同する160人の中から出動できるメンバーが集まって作業に汗を流す。その顔ぶれは30、40代がメインで、代表の西澤真実さんをはじめ女性が4割を占める。無理せず活動を楽しめるように整備料は取らず、依頼者からも寄付を受ける形で運営し、現在は認定NPO法人として、いすみの活動を全国に発信している。

　これらは、農村の暮らしに学ぶ教育、ソーシャルインクルージョン（社会的包摂）の場づくり、小商いによる農村経済循環の再構築、有志が集う里山再生、と農村に関わる切り口は多方面でありながら、農村を外に開いて風通しをよくしながら、ウェルビーイングという健康で幸せな暮らしを実現できる場と捉えた、まさにSDGsの理念を具体化させた実践と言えよう。

　一方の〈社会インフラ〉の条件についても、ICTを活用してSDGsの理念を「なりわいづくり」として体現する取り組みが見られる。

　1つ目は、岐阜県郡上市白鳥町石徹白（いとしろ）での集落存続に向けた再生可能エネルギー活用の展開である。石徹白集落は、福井県に接する人口255人、110戸、高齢化率も50％近い標高700mの山村でありながら、地域づくり協議会を設立し、「30年後も小学校を残そう」と石徹白ビジョンを掲げ活動してきた。そこにNPO法人地域再生機構の平野彰秀さんが集落に移住したことで、集落ほぼ全戸出資による小水力発電所建設が具体化し、今日では毎年の売電益200万円を地域の振興事業に充て、また、さらなる移住者を呼び込み、伝統の野良着である「たつけ」を今の仕事着に蘇らせるなど、石

徹白の資源や文化に根差したなりわいが生まれている。

　２つ目は、高知県佐川町における自伐型林業（自営的な小規模林業）である。地籍調査をほぼ終えている佐川町では、山林の境界や所有者を概ね把握し、町内全域で航空レーザー測量を実施することで、航空写真、境界図、立木情報等の森林情報と、登記簿や地籍調査等の情報の一元的な管理が実現している。そこで、町は森林長期施業管理システムを構築し、林地所有者が希望すれば、町が20年間無料で山林管理を請け負い、その施業を地域おこし協力隊が中心となる自伐型林業事業者に委託し、売上の10％を所有者に還元する仕組みを作り上げた。地域住民も、林業を含む多業でなりわいを形にした移住者の仕事ぶりに信頼を寄せている。

　３つ目は、熊本県宇城市を基点に県内にネットワークを広げている「くまもと農家☆ハンター」の取り組みである。グループは、災害から地域を守る消防団のように、イノシシ被害から地域を守り、被害による離農ゼロを目指す地元の若手農家有志の活動で、イノシシ捕獲にIoTを活用し、楽天技術研究所とともに見回り軽減の技術開発を進めている。それにより機動的に手早く解体処理ができ、いただいた命は無駄にしないようジビエ加工や新たな商品開発も進めている。一連の展開はSDGsを意識した取り組みとして、国連公式サイトでも世界の優良事例として紹介されている。

５．農村政策に求められる要点

　このように「地方分散シナリオ」のもとで持続可能な農村の再構築が目指されるためには、スマート化が進むハード面での技術革新とともに、SDGsの理念が共有されるだけの関係主体間のコミュニケーションや相互理解といったソフト面での変革の両面が不可欠であることが改めて確認できる（図司，2020）。

　それに対して、推進されている農村政策を照らし合わせれば、１つ目の軸である〈SDGsの理念〉に関しては、農村に人が住み続けるための条件整備

を図る〈くらしづくり〉が重なり合うだろう。「多様な形で農に関わる者」
が連携し、地域農業の持続的な発展と地域コミュニティの維持を目指す農村
型地域運営組織（農村RMO）の育成、また農村を支える〈活力づくり〉と
して「農的関係人口」の創出・拡大が打ち出されている。

　もう 1 つの軸である〈社会インフラ〉の構築についても、「しごとづくり」
として、農村資源×分野×主体での新事業創出を目指す「農山漁村発イノ
ベーション」が掲げられ、さらに、2022年 6 月に官邸が打ち出した「デジタ
ル田園都市国家構想基本方針」でも、地方の社会課題解決にデジタルの力を
活用する姿勢が示され、政策支援の動きは強まっていると言えよう。

　このように新たな基本計画で示された農村政策は、地方分散シナリオが描
く方向性に沿ったものと考えられ、それが実装まで至るかが大きな焦点とな
りそうだ。その一方で、「むら・むら格差」が生じる農村の現状からすれば、
政策を受け止める自治体サイドの状況は決して一様ではなく、キャッチアッ
プできる地域とそうでない地域とで地域間格差を広げかねないところもある。
これらの農村政策と現場を結び付けていく上で、この先に検討すべき要点を
最後に 3 点提示してみたい。

　第 1 の要点は、このシナリオを実践に移していく農村現場へのアプローチ
である。この間、農政では集落の役割に期待を寄せ、中山間地域等直接支払
制度をはじめ集落段階での合意形成を重視してきた。しかし、今日の集落は
縮小均衡状態にあって、資源管理も現状維持で精一杯であり、外部からの新
たな人材の確保や農村型地域運営組織の立ち上げなど、課題解決を目指し新
たな動きを自ら始めるのはなかなか容易ではないだろう。

　他方で、田園回帰の兆しが見られる地域では、前節で紹介した長野県泰阜
村のグリーンウッドや鹿児島県枕崎市の白然花のように、外からのささやか
な働きかけをきっかけに、次の世代を担う子どもたちやよそ者が関わって地
域住民と一緒に動ける環境が生まれれば、時間を要しながらも集落の状況が
次第に好転していく可能性も示してくれている。それは、交流を内発性発揮
の原動力と捉える新しい内発的発展の議論とも重なり合う（小田切・橋口編,

2018)。

　また、地域づくりの機運が高まっている地域では、くまもと農家☆ハンターやいすみ竹炭研究会のように、若い世代や女性を中心に、自分ごとを起点として、やってみたいことから一歩踏み出し、それを周囲が応援し支えていくような、共感からつながるローカルプロジェクトを目にする機会が多い。少子高齢化などの地域課題はあまりに大きく、その解決を目指そうとすると閉塞感が漂うことから、まずは仲間が集うチームづくりを通して、自分の身近な日常から動き始めて、結果として地域も良くなれば、と願う彼らのしなやかな姿勢も見受けられる。課題解決を目指した農村政策の推進は大事だが、こうした田園回帰の追い風を身近な現場に感じ取り、前向きな機運を生み出せる環境づくりも求められよう。

　そして第2の要点は、現場で生まれている小さな「点」としての挑戦を、地域ぐるみの「面」のうねりに広げ、社会変革につなぐプロセスであろう。各世代の頭数（あたまかず）が減っていく中で、地域社会の立て直しと地域経済の再建をどのように進めるべきなのか。筆者は、生源寺眞一が整理した日本の土地利用農業型農業における二階建ての構造の枠組みを援用し、先発地域の事例分析から農村再生の道筋を読み解いた（図司，2022b）。

　そのプロセスとしては、まず、基層にあたる地域社会では、住民の顔ぶれが多様化し、また分化する中で、外部との交流などをきっかけに住民同士のつなぎ直しが進む。その中で、田園回帰の機運を取り込んだ新たななりわいづくりが生まれ、暮らしと経済を一体のものと捉え直す視線が高まる。そこから、市場や経済にあたる上層部分がバランスよく積み重なり、新たな人材を呼び込む好循環へと展開していく、というストーリーである。それを地方分散シナリオの実現プロセスと重ね合わせれば、基層のコミュニティの再構築を通して〈SDGsの理念〉に当たる部分が住民間で共有できて初めて、〈社会インフラ〉における新技術の活用が具体的に選択肢に入ってくる、とも読み取れよう。

　デジタル田園都市戦略ではデジタル実装が強く打ち出され、基礎条件整備

の必要性も示されているが、そこには農村の基層部分へのアプローチが欠けてしまっている。前節で紹介したICT活用の3地域が体現するように、先の第1の要点が形になってはじめて、手段としてのデジタルが地域の中で活きてくることを肝に銘じておくべきだろう。

　最後に第3の要点は、縮退局面にある農村の資源管理に関する議論である。地域住民が住み続けられる環境づくりとして、農林地の維持や空き家対策など、資源管理の側面では地域に期待される役割は大きい。しかし住民の老いの進行やムラの空洞化は予定調和で進むものではなく、職員の数も限られる地方自治体の実情からも、集落支援員のような地域サポート人材とともに、行政と住民の間の心理的な距離も縮めながら「守り」に向き合う実践も既に始まっている⁽⁴⁾。そこでは、資源管理の維持には、新たな移住者を早急に迎えるよりは、まずは集落住民と接点のある地元出身者や近隣地域の知人への呼びかけを通して小さなサポート体制を作り出す方向が現実的な選択肢に挙がっている。

　国土保全の観点からも、維持が困難な農地の扱いについて、長期的な土地利用のあり方や国土の管理構想の議論も始まっているが、住民が自らの手で集落の行く末を主体的に選択できるよう、いわば「ムラの終活」に対して周囲がどうサポートできるかも、「誰一人取り残されない社会の実現」というSDGsの理念に沿って考えるべき大事な要点であろう⁽⁵⁾。

（4）市町村の農業部門の人員体制の厳しさについては、堀部（2019）が実態を指摘している。守りに向き合う実践として、徳野貞雄の提唱するT型集落点検が示すように、他出した子どもたちも含めた「家族」を構成員として集落を捉え直し、集落の現場で実践する田口太郎の「先よみワークショップ」がねらう、地域の10年後の人口構成を視覚化し、将来の課題に対して今から取り組める事柄を整理し、ひとつでも形にするプロセスがまず大事になる（徳野・柏尾，2014；田口，2019）。

（5）限界化に直面する集落も出始める中で、「ここに住み続けた」証をどう残せるかも大事な作業であり、筆者がゼミ生とともに関わった新潟県小千谷市三興地区では、集落住民が大学生の力を借りて、最後に盛大に祭りを行えたことで、地元の氏神様をたたむ決断を自ら下したケースもある（図司，2013）

低密度でも持続的な農村を目指して、農村の暮らしや資源から生み出される多面的価値を共有できる地域住民、他出者や移住者、関係人口としての都市住民など、多彩な人材による地道な活動や挑戦は既に各地で生まれている。それこそが地方分散シナリオを具体化させる推進力となることを忘れてはならない。

引用・参考文献

安藤光義（2019）「農村政策の展開と現実―農村の変貌と今後―」『農業経済研究』91（2）：164-180。

中山間地域フォーラム（2019）「政策提言：総合的な農村政策の確立を！―食料・農業・農村基本計画の改定に関する緊急提言―」https://www.chusankan-f.org/［2023年3月23日最終閲覧］。

藤山浩編（2018）『図解でわかる田園回帰1％戦略「循環型経済」をつくる』農山漁村文化協会。

広井良典（2001）『定常型社会　新しい「豊かさ」の構想』岩波書店。

橋口卓也（2022）「中山間地域等直接支払制度」中山間地域フォーラム編『中山間地域ハンドブック』農文協：90。

堀部篤（2019）「市町村財政が有効に機能するための行財政の運営戦略」『農業と経済』85（5）：16-25。

池上甲一（2018）「SDGs時代におけるサステナビリティと日本農業：農業・農村のサステナビリティ科学に向けて」『村落社会研究ジャーナル』25（1）：27-34。

石田秀樹・古川柳蔵（2018）『正解のない難問を解決に導くバックキャスト思考』ワニ・プラス。

農林水産政策研究所（2019）「農村地域人口と農業集落の将来予測―西暦2045年における農村構造」。

農林水産省農村振興局（2018）「中山間地域等直接支払制度　第4期対策　中間年評価」。

小田切徳美・橋口卓也編（2018）『内発的農村発展論　理論と実践』農林統計出版。

小田切徳美（2021）『農村政策の変貌―その軌跡と新たな構想』農文協。

指出一正・図司直也（2019）「農業の未来を担う、「ローカルアグリヒーロー」とは。」『ソトコト』2019年12月号：96-97。

玉真之介・木村崇之（2019）「解題　新基本法制定から20年、これからの20年」『農業経済研究』91（2）：140-145。

田口太郎（2019）「住民による主体的まちづくりを初動させる『先よみワークショップ』の開発」『日本建築学会技術報告集』25（59）：315-319。

徳野貞雄・柏尾珠紀（2014）『T型集落点検とライフヒストリーでみえる　家族・集落・女性の底力―限界集落論を超えて』農山漁村文化協会。

筒井一伸・尾原浩子（2018）『移住者による継業　農山村をつなぐバトンリレー』筑波書房。

筒井一伸（2019）「プロセス重視の「しごと」づくり―"複線化"されたなりわいづくりのプロセス」小田切徳美・平井太郎・図司直也・筒井一伸『プロセス重視の地方創生　農山村からの展望』筑波書房：45-60。

全国過疎地域自立促進連盟（2020）『過疎対策の新たな対応策に関する調査研究報告書』。

図司直也（2013）「支援員が支えた集落におけるふたつの「交流」の意義」『コロンブス』2013年5月号：32-33。

図司直也（2019a）『就村からなりわい就農へ　田園回帰時代の新規就農アプローチ』筑波書房。

図司直也（2019b）「プロセス重視の「ひと」づくり―農山村の未来を切り拓くソーシャル・イノベーターへの成長」小田切ほか・前掲書：28-44。

図司直也（2020）「都市農村対流時代に向けた地方分散シナリオの展望」『農業経済研究』92（3）：253-261。

図司直也（2022a）「農山村政策のこれまでとこれから：新「食料・農業・農村基本計画のねらいと実現プロセスを考える」『農業と経済』88（3）、113-121

図司直也（2022b）「新しい再生プロセスをつくる」『新しい地域をつくる』岩波書店、151-168

第7章

農村未来シナリオからバックキャスティングへ

秋津 元輝

1．はじめに

　平成の年号が終了し，令和と呼ばれる時代となった。30年にわたる平成の末期に出版された『平成史』に，地域社会学者の中澤秀雄が「地方と中央」という章を寄せている[1]。昭和後期に「地方の時代」が，平成に入ってからは「地方分権」が唱えられながらも，土建開発による交通網や箱もの整備に慣らされた地方は，補助金依存，内発的取り組みの不在，人やノウハウへの投資の不在によって，ますます中央との格差を広げられていく。平成に入ると政治も本格的に都市重視となり，その反発として地域間格差が叫ばれて政権交代も実現したが，そもそも都市重視の政党に地方振興の画期的方策があるわけもない。平成の市町村合併を経た地方は，拡張された市域のなかで入れ子状に中心と周縁との格差を拡大しながら，出口の見えない人口減少と高齢化へと進んでいく[2]。

　その暗路の灯として中澤が期待するのは，「小さくても輝く自治体」として合併を拒否し，人への投資を怠らずに地域づくりの努力を積み重ねてきた自治体の実践である。1980年代に見られた「一村一品運動」などの「まちおこし」「むらおこし」の動きを「中央重視の裏返しという以上の意味を持た」なかったとする中澤からすれば（中澤，2014：p.238），常に中央に顔を向け

（1）中澤（2014）。
（2）この実態については，日本村落研究学会企画・佐藤編（2013）に詳しい。

たなかでの地方の競争と差別化ではなく，地方がより自律性の高い地域づくりを目指すところに光を見出しているようだ。

　そうした小さく輝く実践がニッチとして多数生成して集合し，それがうねりとなって，しだいに体制の漸進的な変革へとつながるという筋道も想定できる。このプロセスはトランジション理論に重ねて考えられる。その理論は，技術革新とそれが社会へ普及することにともなう社会変動の説明から転じて，持続可能な社会へと変革する道筋などを示す理論として適用されるに至った[3]。しかし，地方の存続戦略を社会への技術普及とそのまま同一視することはできない。中澤自身が分析したように，地方社会の存立は国から末端自治体へと至る重層的な政策からの影響を抜きに考えることはできない。ニッチの成長を待つだけでなく，中央と地方の関係性に関連した抜本的で総体的な政策的デザインが求められる。トランジション理論に依拠すれば，ニッチが生み出されて拡大しやすい政策環境の実現が望まれるのである。

　地球温暖化を例に考えよう。暖冬や局地的な大雨を経験するたびに誰もが地球温暖化を疑うものの，ニュースの話題や具体的対策は対処療法の域を超えて深まることがない。地球温暖化に対処するには，長期を見通して設定された目標とそこから導かれた現在的な実施策を通じて，社会体制全体を再考することが求められる。成り行きにまかせるのではなく，明確な意思に基づく政策をもって遠い先の目標に向かって前進しなければならない。

　現在の日本農山村（以下では便宜的におもに農村と表記）をめぐる情況は地球レベルの気候変動問題と似ている。戦後しばらくの農業政策は，農業が近代化されると結果的に農家家族も近代化され，農村における問題も解決されるという根拠のない暗黙の前提があったので，農村政策そのものが不在であった。その後，農業と農村とのズレが拡大する1970年代後半以降も，農村に特化した政策は打ち出されてこなかった。その意味で，そもそも農村のたどってきた道は成り行きである。近年では，「小さな拠点」や「農村型地域

（3）Geels（2002）。また，秋津（2018：pp.138-139）において，食における慣習的
　　行動の転換を説明するなかでこの理論に言及した。

運営組織（農村RMO）」などによる最小自治組織の拡大や，「地域おこし協力隊」に代表される若い人材の農村への投入などの政策が実施されており，一定の成果も現れているが，総じて短期的な対応の域を脱していない[4]。袋小路に入っているように見える現在の農山漁村や地方社会の情況を考慮するとき，30年後，50年後を見越した農村のオルタナティブイメージを都市や国全体との関係のなかで確定し共有するときである。

　なお，ここでの議論は秋津（2020）に大きく依拠している。したがって，基本的に本論はその改訂再録という位置にある。しかし，農村の未来像を私なりに描くことのほかに，先のシンポジウムおよび本書でバックキャスティングを主要課題としながら，それに関する基礎知識や情報に乏しいという問題意識に対応したものでもある。その意味で，本書に含めて掲載する多少の意義はあろう。

２．バックキャスティングという手法

　バックキャスティングは，現状の延長線上から脱出する未来計画を策定するための手法である。バックキャスティングという用語は1982年にエネルギー政策から研究を出発したカナダのJ・B・ロビンソンによって最初に論文題名のなかで提唱された（Robinson, 1982）。起こりそうな未来を予測するフォアキャスティングに対して，バックキャスティングでは望ましい未来にどのように到達するのかが問われる。語呂を合わせると，未来を計画するときに，「予想」ではなく「理想」から考えるのである。ロビンソンはすでに30年前に地球規模の環境・社会問題の脅威を前に長期的な対策が求められており，そのためにはフォアキャスティング的思考を脱却してバックキャス

（４）ただし，地域おこし協力隊の最近の動向において，受け入れ自治体側が希望する人材を表明して募集することが多くなった。希望人材を確定するには，未来に向けた計画が前提となるため，自治体レベルにおいて中長期計画を考えるよい契機となっている。

ティング的方法が必要と主張している（Robinson, 1990）。人間活動の影響が地球全体に及ぶ時代を意味する人新世の時代にあっては，目的をもった人間の意思と行動によって自身の未来が決定されることを自覚しなければならない。

　科学論的視点からみると，フォアキャスティングが因果論を基礎とするのに対して，バックキャスティングは因果論と目的論の両方に依拠する。ガリレオ，ニュートンから始まる近代物理学が科学を席巻するにともない，自然科学だけでなく社会科学においても事象の背後に一般理論が存在し，それによって因果的に事象の説明が可能になるという思考が広がった。フォアキャスティングでおこなわれる予想は，基本的に因果論に基づいて定式化された関数＝因果律を利用して演繹的に実施される。他方，バックキャスティングでは，社会変化における人間意思の影響を強調する目的論を重視する。社会は人間的欲求等に基づく法則によってのみ変化するのではなく，目的にむけた人間の意図的行動によっても大きく影響を受けるのである（Dreborg, 1996）。

　図7-1は仮に農村の永続可能性という目標を設定したときのフォアキャスティングとバックキャスティングの違いを示したものである。現状のAという状態から農村の永続可能性を達成するべく諸々の対策が考えられる。そのうち，因果論のみに依拠するフォアキャスティングでは，緩やかに達成方向に向かうとしても既存の経験からの因果論に依拠するがゆえにシステム転換をともなう永続可能性達成にむけた壁を超えることができない。結局，図のBやCに留まる。他方，バックキャスティングでは農村の永続可能性が達成された状態を目標にすえる。それがたとえば30年後だとすると，30年後の状態を実現するために20年後には何が達成されなければならないか，その20年後のために10年後の達成目標は何か，そして10年後の目標にとって現在実施されるべき行動は何かが，未来からバック＝逆算して検討される。それがバックキャスティングという名前の由来である。

　バックキャスティングのメリットは図にあるように達成と未達成の壁を予

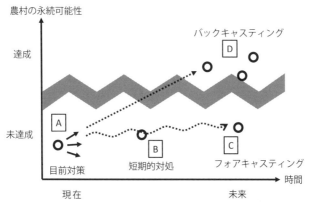

図7-1　ファアキャスティングとバックキャスティングの違い

注：Dreborg（1996, p.815）を参考に筆者作成。

め超えた目標Dを設定できることにある。それによって，その時々の行動や施策の方向をDにむかって収斂させることができる。農村の永続可能性を実現するには，多くの次元にまたがる問題に対処していかねばならない。そのそれぞれについてフォアキャスティングで改善策を考えるならば，それぞれの限定された問題はたしかに改善されるかもしれないが，俯瞰的にみると方向に統一性がなく，ふらふらと図の未達成の領域を漂うことになる。達成のための壁を超えたDという目標があれば，それらの対策を一つの方向に収斂させることができるのである。

3．適応型シナリオ・プラニングと変容型シナリオ・プラニング

では，共有された目標となるDはどのように作成されるのか。バックキャスティングでは，目標が理想であるとはいえ，現状とつながるような現実味ある未来の状態を設定しなければならない。予測不可能性を前提としながら未来の計画が立てられるときに利用されるのがシナリオ・プラニングである。シナリオ・プラニングには，次に述べるようにフォアキャスティングに相当するものもバックキャスティングに相当するものも含まれる。しかし，「バッ

クキャスティングはある意味シナリオ研究である」といわれるように（Dreborg, 1996：p.816），シナリオのないバックキャスティングはないといえる。

　地域の未来計画に関連したシナリオ構築とバックキャスティングの研究事例を概観すると，都市近郊地域に限定して考察したもの（Kennedy et al., 2016），社会地理学の分野からイングランド農村の未来シナリオを構想したもの（Mahroum, 2005），地域生態環境政策を対象としたもの（Palacios-Agundez, 2013）などがあるが，ここではより大規模で政策に深く関連したラディカルな例を参照しよう。

　アパルトヘイト後の南アフリカにおける政権移行支援などで名高いA・カヘンによると，シナリオ・プラニングには，適応型シナリオ・プラニングと変容型シナリオ・プラニングの2つがある（カヘン，2014）。

　適応型シナリオ・プラニングはフォアキャスティングに分類できる。たとえば，フォアキャスティングとしての技術予測の文献において，シナリオ・プラニングは「不確実な事象の発生の有無によって，複数のまったく異なる世界を描く」（金岡，2011：p.74）と表現される。その手順は，まず①検討したい期間設定する。②ブレインストーミングによって起こりうる環境の変化や出来事を可能な限り抽出する。③変化の要因を関連付けして2〜3個の独立した最重要要因を選出する。④要因の実現有無や影響の大小を軸として複数の象限を作る。⑤各象限に対応するシナリオを作成する（金岡，2011：p.77）。そして，複数の可能性のあるシナリオに対して，もしそれが現実になった場合の適応法を予め準備しておくのである。未来を予想して適応するところがフォアキャスティングの手順と共通する。

　他方の変容型シナリオ・プラニングについてはカヘンの手順に依拠しよう。カヘンは豊富な経験から帰納して，次の五つのステップからなるプロセスをまとめている。

①システム全体からチームを招集する。

　システムの未来に影響を与えたいと望み，かつその力もあるステークホル

ダーを集めてチームを作る。このチームでシナリオを作成するので，この
チームのメンバー選びが最終的な成功を大きく左右することになる。カヘン
によると，5～10人の主催者側チームが指導的立場にあってシステム全体を
代表する25～35人の関係者（そこに主催者側が含まれてよい）を集めたシナ
リオ・チームをつくり，1回3～4日のワークショップを4～8カ月の間に
3～4回おこなう（カヘン，2014：p.53）。そのワークショップの間に以下
の②から④のプロセスが実施される。

②何が起きているか観察する。

　眼前の課題を共有するとともに，未来をもっとも大きく左右する要因を決
定する。その時に未来に起こるかどうか不確実だがもっとも重要となる要因
を見つけ出す（カヘン，2014：p.86）。

③何が起こりうるかについてストーリーを作成する。

　二つの鍵になる不確実な要因から演繹法で四つのシナリオを作る。あるい
は，ブレインストーミングによって帰納的に多数のシナリオ候補をつくり，
そこから再びブレインストーミングで2～4つの意味あるシナリオを絞り込
む。有益なシナリオの条件としては，課題と関連があること，現在の思考に
疑問を投げかけ潜在的な変化可能性を可視化できること，論理的で事実に基
づくこと，わかりやすくそれぞれが明確であること，があげられている（カ
ヘン，2014：p.98, 99）。現実味ある目標設定のために，不確実な要因ながら
あくまでも起こる可能性のあるものが選ばれる。ここまでは，先の適応型シ
ナリオ・プラニングと同様の手続きとなる。

④何ができて，何をなさねばならないか発見する。

　ここに来て，参加者たちにとってよりよい未来はどれかをシナリオから選
択する段階に至る。先に述べた目的論の立場から，「今起きていること，こ
れから起こりうることに私たちが果たす役割は何だろう」という問いを前提
として，どの未来を望むのかについてチームの意図を結晶化する。しかし，
チームは必ずしも一つのシナリオを目標とすることに合意できないかもしれ
ない。カヘンは，結果的にチーム全体で一致する行動を見出せなくても，

チームでシナリオの意味の理解を共有できたことが大きな前進につながると
している（カヘン，2014：p.111, 112）。

⑤システムの変革をめざして行動する。

　シナリオ・チームのメンバーが互いに協力して，あるいはチーム以外のシ
ステム全体の人たちと協力して，問題状況を変容させるために行動する。行
動内容として，キャンペーン，ミーティング，社会運動，出版物，プロジェ
クト，政策，取り組み活動，制度，法律などがあげられている（カヘン，
2014：p.113）。

4．あるべき農村像のシナリオ

　カヘンのプロセスによると，シナリオは課題分野に重要な影響を与えるス
テークホルダーのワークショップから創出される。ここでは，私がその一人
になったつもりで，課題としての現代農村を取り巻くシステムの変容を見通
すようなシナリオの一例を提示したい⁽⁵⁾。

　変容型プロセスの②に従うと，まず今後の日本農村に影響を与える要因の
なかで，不確実だが可能性のあるものを選定し，その中からもっとも重要と
思われる二つの要因を見つけ出すことになる。ここで選択した要因は，地方
分散型か都市集中型かという今後の政策方向に関連するものと，スマート化
の進展程度についてである。後者はスマート化が極限まで進展してそれを受
容する場合と，スマート化がそれほど進まないか，あるいは進展しても抑制
的に受容する場合に分類した。一般に，情報分野を含めた技術発展について
予測することはむずかしく，その意味では可能性について適応型でシナリオ
作成するべきかもしれない。しかし，技術の受容は社会的に制御することが
可能という判断から（村田，2009：pp.109-122），ここでは両極を受容の程
度の違いとして人間の意図的な選択の対象と考えたい。

（5）農村計画分野ではシナリオ研究への注目があるが（橋本，2011），手法の紹介
　　にとどまっており，農村という具体的対象に沿って分析されたものではない。

表 7-1　未来の農村像を描く　4つのシナリオ

極限的スマート化	抑制的スマート化
・農業と農村生活の完全分離 ・先端科学導入による無農薬・無化学肥料農業の拡大 ・都市人口の縮小／都市的生活の拡大 ・農村暮らしの意味転換＝農業に結びつかない農村生活 ・便利な田舎と不便な田舎の格差拡大 ・バーチャル人間関係の普遍化 ・資源管理の専門化＝野生動物も含めた包括的管理システム ・博物館的な農村文化の保存	・地産地消（自産自消を含む）の拡大 ・生活型有機農業の拡大 ・都市の縮小 ・生活格差の縮小＝低所得の共有 ・農村SOHO ・直接的人間関係の拡大 ・生産の共同性を基礎とした農村集落・資源の維持 ・野生動物との生き物としての対峙 ・"共楽"型農村社会の実現 ・農村環境と文化の維持
カット野菜	土付きにんじん
・人口の都市集中 ・工業的作物・食品の拡大 ・農村文化の消滅とバーチャル的体験 ・ゲームの中の農村創造 ・生活リズムの人工化 ・計画的なムラおさめ ・自然利用と保護の分離 ・財政負担の軽減	・人口の都市集中（「選択と集中」） ・農村高齢化の深刻化 ・無計画な集落消滅 ・農村文化の消滅・知恵と知識の消失 ・農山村地域資源の荒廃 →成り行きまかせの未来
サプリメント	しなびたキャベツ

（左列：地方分散型、右列：都市集中型）

注：筆者作成

　地方分散型と都市集中型，極限的スマート化と抑制的スマート化を指標として四つの次元のシナリオが生まれる。それを示したのが**表7-1**である。以下，それぞれについて概説しよう。

　表の左上は，地方分散型の政策方向がスマート化を極限まで利用して進められるシナリオである。カヘンの実践例を参照すると，シナリオにはそれぞれ名前がつけられて違いが際立つ工夫がなされるようだ。それに倣って，このシナリオに"**カット野菜**"というシナリオ名をつけた。ここでは，地方分散型の社会は実現されるが，農業は極限まで省力化されるため，地方に居住しても大多数は農業に従事しない。農村文化は博物館などにおいてバーチャルに保存される。そもそも仕事も遠隔地とのバーチャルなつながりが基礎になる。生育環境に適合するようゲノム編集された農産物が栽培されるので無農薬となり，微生物管理も行き届くので化学合成肥料の施用もない。農地や

山林，野生動物に関する情報は統合されてシステム化し，人間と自然，生産用地と保護地の棲み分けが前提とされて遠隔的に管理される。システムの効率性や居住者の選好から便利で魅力ある田舎が選択されることになり，そうでない田舎との格差は拡大する。

　右上は，"土付きにんじん"と名付けたシナリオで，そこではほどほどの技術革新を受け入れつつ農業と生活がより密接となった地方分散型社会が実現される。農業は人間と環境の永続可能性が第一とされ，遠隔操作などの技術は導入されるものの，遺伝子操作・編集がなされた作物の栽培はない。有機農業はより科学的に分析されて汎用性が高まり，輸送などの環境面から地産地消も拡大する。農業や食，生命に基礎をおいた地方分散型となるため，所得換算で考えた暮らしぶりは基本的に慎ましいものとなり，生活格差は縮小する。地域資源は，生得的あるいは選択的にそこに居住する人びとの共同によって管理され，従来の"競争"型の農村社会原理が"共楽"型となる（秋津，2009）。野生動物管理も人間の生活圏域での対峙が前提となる。

　左下は効率性をスマート化によって極限まで追求して，人間の居住域と生物生産や野生動植物領域との乖離が進んだ状態をさしている。この"サプリメント"と呼びたいシナリオでは，人間の食と農業は完全に切り離され，安全性は確保されているものの農業は食品産業のための原料生産に特化する。農村文化や実体験対象としての農村は失われて，ゲームの中で異世界体験として農村が創造される。生活のリズムは自然や作物の成長と切り離されて，都市生活に適合するように人工的に設計される。人口が都市に移転し，ムラは記録としてバーチャルに保存されながら計画的に消滅する。農業に適した場所のみが都市からの通勤や遠隔操作によって効率的に耕作されるので，農業への財政負担は減少し，集住化によってインフラ整備の財政負担も節約される。ただし，輸入食料への依存度はそれほど変化しない。

　右下はこのまま確固とした目標を設定せずに，いわばフォアキャスティングを続けることによって到達する社会状態である。都市集中と集落消滅が無計画に発生し，先端技術も内外の資本によって無計画に農業や農村に導入さ

れる。この成り行きまかせの未来シナリオを"しなびたキャベツ"と名付けた。無策のまま農村が放置されるシナリオではあるが，「選択と集中」などの曖昧な政策実施が結果的に呼び起こす結末ともいえる。

　名付け方にすでに私の判断が入っているようにも思うが，これらのうち私が推奨したいのは，**土付きにんじんシナリオ**である。その社会像について踏み込めば，社会関与のあり方が入れ子状に身内から広域社会へとしだいに広がる形態ではなく，地理的社会的な遠近と関係なく他者への関与がボーダーレスに広がる形態を構想している。そうなって初めて，都市住民と農村住民および経済的先進国住民と途上国住民は，食や環境を通じて相互依存していることが実感でき，地球環境を共有するという前提の下での相互への責任感が生まれるからである。このシナリオはひたすらビジネスチャンスを追求して大儲けしたい人には不人気かもしれない。しかし，今後の地球および地域環境と人間社会との関係を考慮するとき，拡大・成長一本槍の方向はもはや時代錯誤となった⁽⁶⁾。それぞれが個性を発揮しながら，それでいて平等主義的な社会の達成を永続可能となる農山村に求めたい。新型コロナ禍のような突発的に起こるリスクに対しても，食の確保という点において，人や環境とのつながりを実感しながら食を調達できるという意味で，もっとも安心できるシステムとなろう。

5．シナリオ作成のためのワークショップ開催と政策化

　前項のシナリオはあくまで私が試論的に設定したたたき台であって論理の穴はたくさんある。たとえば，地方分散型といっても程度の違いによって，農山村資源に依存する暮らしを分散的に構築するか，あるいはスマートシティ化した地方都市への分散的集中かという選択肢が考えられる。また，人口規模の行く末は重大な不確定要素として設定可能であり，その要素を利用

（6）脱成長の議論については、Kallis（2020）などを参照。

してこの四象限とは別の組み合わせを考えることもできる。

　先述のように，未来の農山村像を構想する変容型シナリオは，農村と地方を考えるトップステークホルダーたちが膝突き合わせた数回のワークショップにおいて協議と創発を通じて設定され，共有されるのが本来である。そこでとくに主張したいのは，そうした連続ワークショップの開催を国土・農村政策の一つとしてぜひとも設定して欲しいということである。とりわけ，食や農業、農村に関わる新しい基本法を構想するならばなおさらである。その場の意義は，そこで創成されるシナリオの内容もさることながら，時間と場所と食事と議題を共有することによって，他の立場の意見を知るとともに共有された目標をそれぞれの参加者が視野に収められることにある。このままでは農山村の存続が危うい。それを多くの市民が感じており，漠然とながらも不安を感じている。この事態に本気で対処する意欲があるなら，国や地方自治体が音頭をとってここで提案した試みを即座に実践するべきだろう。

　最後に政策化のプロセスを再度確認しよう。30年後の農山村像が共有できたとすると，それを実現するために20年後にどのような状態が必要となるか，10年後はどうか，そして10年後の状態を実現するための一歩を現在の政策として起案するという手順でバックキャスティングする。**土付きにんじん**を選択した場合，都市の若者の農村回帰志向を現在のレベルよりもいっそう助長する政策の実現などは目前の政策の一つとなるだろう。

　政策の実行段階では思いがけない事態も発生する。とくに，技術発展の未来予測は困難である。シナリオ決定という目標レベルでの確固とした決断と同時に，選択したシナリオの根本要素を保持しつつもPDCAなどの再帰的サイクルを導入しながら，状況に応じた柔軟性をもって政策進行することが求められよう。

引用・参考文献
秋津元輝（2009）「集落の再生にむけて―村落研究からの提案」『集落再生―農山村・離島の実情と対策』（年報村落社会研究第45集），農山漁村文化協会：199-235。

秋津元輝（2018）「農と食をつなぐ倫理と実践—考えと行動のための指針」秋津・佐藤・竹之内編著『農と食の新しい倫理』昭和堂：115-144。

秋津元輝（2020）「未来の国土と農山村像を描く４つのシナリオ」『農業と経済』86（4）：4-10。

Davies, A. R.（2014）Co-Creating Sustainable Eating Futures: Technology, ICT and Citizen-Consumer Ambivalence. *Futures* 62（Part B）：181-193。

Dreborg, K. H.（1996）Essence of Backcasting. *Futures* 28（9）：813-828。

Geels, F. W.（2002）Technological Transitions as Evolutionary Reconfiguration Processes: A Multi-level Perspective and a Case-study. *Research Policy* 31, 1257-1274。

橋本禅（2017）「生態系サービスの評価モデルと将来シナリオ」『農村計画学会誌』36（1）：17-20。

カヘン，アダム（2014）『社会変革のシナリオ・プラニング—対立を乗り越え，ともに難題を解決する』（小田監訳・東出訳）英治出版。

Kallis, G., S. Paulson, G. D'Alisa and F. Demaria（2020）*The Case for Degrowth.* Polity Press, Cambridge and Medford。

金間大介（2011）『技術予測—未来を展望する方法論』大学教育出版。

Kennedy, M., A. Butt and M. Amati（2016）*Conflict and Change in Australia's Peri-Urban Landscapes.* Routledge, London。

Mahroum, S.（2005）*Scenario Creation and Backcasting：Summary Report and Recommendations.* A Future Foundation Report。

中澤秀雄（2014）「地方と中央—『均衡ある発展』という建前の崩壊」小熊英二編著『平成史【増補新版】』河出書房新社：217-266。

日本村落研究学会企画・佐藤康行編（2013）『検証・平成の大合併と農山村』（年報村落社会研究第49集），農山漁村文化協会。

Palacios-Agundez, I., I. Casado-Arzuaga, I. Madariaga, and M. Onaindia（2013）The Relevance of Local Participatory Scenario Planning for Ecosystem Management Policies in the Basque Country, Northern Spain. *Ecology and Society* 18（3）：7. http://dx.doi.org/10.5751/ES-05619-180307.

村田純一（2009）『技術の哲学』岩波書店。

Robinson, J. B.（1982）Energy Backcasting: A Proposed Method of Policy Analysis. *Energy Policy* 10（4）：337-344。

Robinson, J. B.（1990）Future Under Glass: A Recipe for People Who Hate to Predict. *Futures* 22（8）：820-842。

第8章

新しい基本法に向けた討論会

1. はじめに

　この討論会は，以下のような日時，出席者およびテーマで，おおよそ4時間半にわたって活発に行われた。当初，予備討論は打ち合わせのつもりであったが，重要な論点が多数出てきたので，「予備討論」として収録することとした。司会は玉が主に担当し，木村がサブを務めた。なお，出席者の発言は，組織を代表するものではなく，個人の考えを述べたものである。

　　と　き：2022年7月30日

　　場　所：ホテル東京ガーデンパレス

　　出席者（発言順）：玉真之介（帝京大学）

　　　　　　　　　　　木村崇之（農林水産省）

　　　　　　　　　　　下川　哲（早稲田大学）

　　　　　　　　　　　秋津元輝（京都大学）

　　　　　　　　　　　図司直也（法政大学）

　　　　　　　　　　　氏家清和（筑波大学）

　　　　　　　　　　　萩原英樹（農林水産省）

　　　　　　　　　　　関根佳恵（愛知学院大学：Zoom参加）

　　　　　　　　　　　齋藤勝宏（東京大学）

　　テーマ：1. 農業基本法 3.0

　　　　　　2. 食料安全保障

　　　　　　3. 農村は蘇るか

2．予備討論

消費者の果たすべき責任

玉— 　いきなりテーマに入る前に，一通り全体で予備討論しておこうと思います。まず木村さんに３つのテーマの趣旨をお願いできますか。

木村— 　簡潔に申し上げると，歴史的な観点で平成４年の「新政策」以来の30年間の変化をどう捉えて，それをこれからの基本法の改正議論にどう結び付けるのかが，テーマ１です。その中でも，国際的な面ではテーマ２の食料安全保障の議論が重要になってくるでしょうし，国内政策の面では，テーマ３の農村地域の問題が重要になってくると思いますので，それぞれのテーマで深掘りしていくということで，基本法改正に向けた論点の提起ができればと思います。

玉— 　歴史的観点に関して，私の表（序章の表１：13頁）をちょっと説明すると，言うまでもなく農業基本法は1961年ですよね。次の食料・農業・農村基本法は1999年ですが，そのスタートは1992年の新政策。だから，ほぼ30年なんですね。すると，今の基本法が2.0だとすると，今年で30年です。ですから，次の3.0も30年のイメージで考えるべきだ思うのです。

下川— 　農業基本法で言うと，やはり農業生産者中心なので，消費者や流通側の責任が抜けてる気がします。基本法の役割というのは，何かしら目指すべき方向性を出すことだと思うんですね。別に規制しなくても，そういう方向性も明示的に示すことをヨーロッパはやりますよね。その意味で，木村さんの言う30年間の変化を見るときに，農業生産者が変わってきただけではなく，消費者や需要や地球環境も変わってきている。それらすべての変化を踏まえて，方向性を明示的に示すのも大事だと思うんです。

木村— 　すでに今の基本法が20年前に制定された時に，最初の「農業基本法」が生産者のためという意味合いが強かったものを，「食料・農業・農村

基本法」とすることで，消費者の視点も入れたわけで，消費者の話が抜けているということはない。その先に，これからの基本法があるので，何が今までと違うのかを踏まえた議論が必要となる。

下川──　今は消費者のための農業基本法っていう色がちょっと強すぎて，消費者は好き勝手やって，あとは政府とか生産者に丸投げっていうのは，違うなと思うんですよ。消費者にも果たすべき責任がありますよっていう方向性を示すことが大事なのかなと。

木村──　それは，確かにそうですね。

消費者が参加する仕組み

秋津──　それに関連して，消費者の倫理に関わるような課題はありますが，同時に，消費者も食や農に関わる政策にちゃんと参加する仕組みを作っていく時代だと思います。それが「みどりの食料システム戦略」のなかでは「国民理解」で片付けられている。でも，理解してもらうという姿勢でいいのか。どうも上から目線なんですよね，完全に。そうではなく，どうやって市民が参加する仕組みを作っていくのかが，今後30年を見すえた場合の最大の課題かなと常々，考えています。その場合，国全体でというのは難しいので，もう少し小さな地域レベルで参加できる仕組みを作るべきじゃないかと考えています。

玉──　その場合，いわゆる産消提携とか，産直や直売所とか進展しますけど，その延長であるより，もっと別のっていう意味ですね。

秋津──　僕のイメージは，末端の自治体レベルで，住民の意見をどうやって吸い上げていくのか。あるいは，住民と自治体が食や農に関わる地域の政策を一緒に考えていくような仕組みをどのようにつくるのかという問いです。単に，産消提携とか産直では，部分的な住民参加であって，地域全体のあり方を考える仕組みではありません。もう少し実際の行政政策に反映できるような住民参加の仕組みを指しています。

図司──　今のお話を農村集落レベルからみると，集落自体も農家は3割，4

割になって圧倒的に非農家が多いんですよね。だから，農業問題が農村問題
とかみ合ってないところもあって，自治体レベルの参加を考えるときは，消
費者というより農村に住んでいる人の関与ないしバックアップが不可欠に
なってます。世代交代を考えると他出した人も多いですから，そういう人た
ちも取り込んでいく仕組みづくりをしないと，相続問題でも完全に行き詰
まってしまう気がします。

氏家—　食料の話を考える場合に，農水省だけで所管が完結できるのかも考
えてみる必要があると思います。消費の話も考えていく場合に，例えば消費
者庁とか，食品安全なら厚生労働省も話も入ってくる。食料をめぐる制度的，
政策的な仕組みを，どうするかも考えていく必要もある。

下川—　省庁間に横ぐしを通して作る食料対策チームみたいな感じですよね。

玉—　日本の政策全体が縦割りなのでね。そこをどう横断的な仕組みにする
か。

木村—　氏家さんの話はよく分かりますが，何が問題で横ぐし入れる必要が
あるのか，そこを明確にしないと議論が深まらないわけで，縦割りがよくな
いのはそのとおりですが，縦割りだから横ぐしの組織が必要というだけでは，
なかなか問題の解決にはならないと思うのですが。

下川—　学者が納得する理論じゃなくて，政策の担当者に納得してもらえる
理屈が必要ってことですよね。

「自給力」

玉—　テーマ2の食料安全保障については，かつて「自給力」という話があ
りましたよね。あれを踏まえておく必要があると思うのですが，木村さんか，
萩原さんどうですか。

萩原—　現在の基本法には自給率の規定はありますが，農業基本法には自給
率の規定はありませんでした。最終的には関係者の合意で自給率の規定は決
定されたのですが，消費者というよりは生産者団体からの要望が強かったと
聞いています。その後，日本国内で食料を生産した場合には自給できるのか

という議論があり，潜在生産能力という「自給力」の考え方が構築されました。自給力とは，農地等の農業資源，労働技術，農業労働力を踏まえ，算定されます。今，価格高騰で話題となっている肥料，そして種子などは十分な量が確保されている前提となっており，米と麦が中心又は，いもが中心の作付けという考え方で自給力が試算されます。このため，自給力は，考え方の前提条件があるので今の考え方のままでよいのか，見直すとすればどのように変えていくかという論点があります。

玉―　とすると，自給率は生産者目線で，自給力は消費者目線とでも言えるのかな。ともかく，今後の安全保障の議論に，自給力という発想自体は必要な気がしますが。

萩原―　特に，自給力については，食料安全保障を議論する際には避けてとおることはできないと思います。仮に，自給率の考え方を見直すならば，国民が受け入れるという点が重要となります。食料安全保障以外でも，例えば，有機農業を推進するとしても，有機農業にはコストがかかりますので，それを国民が受け入れなければ前進しません。また，有機農業を拡大し，仮に生産性が下がれば，自給率・自給力が下がる可能性もあります。これをどう考えるのかという論点もあります。EUでは「Farm to Fork」において，持続可能性や栄養などについても重要視しています。EUの栄養という点では，栄養構成に応じて各食品をスコア化した栄養プロファイル制度があり，消費者の選択肢が広がっています。栄養という点では，食べ過ぎている者がいる一方，アクセスできない人も存在しています。このため，食料の分配という視点や，ターゲット層に応じた食料安全保障の考え方についての議論も必要ではないかと思います。

フードセキュリティー

氏家―　確認ですが，いわゆるフードセキュリティーという概念と，ここで食料安全保障とは同一と考えていいんですか。

萩原―　フードセキュリティーの定義について，学術論文では，どちらかと

いうと途上国を念頭に置いているとの解釈が多いと思います。なお，広い解釈といわれますが，FAOによるフードセキュリティーの定義が有名です。

下川— データを使った分析だとそのイメージが強いのですが，FAOの定義は萩原さんがおっしゃったようにすごく広くて，どこから手を付けていいのか分からないぐらい多面的な定義ですよね。

関根— 食料安全保障はフードセキュリティーの和訳ですが，その定義は時代とともに変化しています。「食料への権利」とか「食料主権」とも影響を互いに与えながら発展してきた歴史があります。食料安全保障の定義でいうと，FAOは1996年の定義を発展させて，2018年に「すべての人がいかなる時にも，活動的で，健康的な生活に必要な食生活上のニーズと嗜好を満たすために，十分で安全かつ栄養ある食料を，物理的，社会的及び経済的にも入手可能であるときに達成される状況」と定義しています。国民に食料安全保障を提供するのは国の責務となっています。それから国レベルだけでなく，地域，家庭，個人のレベルの食料安全保障があります。

それから，食料安全保障には4つの要素，①入手可能性，②アクセス，③利用，④安定性があります。特に今は気候変動，コロナ禍，ウクライナ戦争があり，④安定性が危機に瀕しています。

秋津— だから，フードセキュリティーを数量的に研究する場合には，確かに国単位とか途上国中心になりますが，社会政策的に研究する場合は，今，関根さんが言われたように，全ての集団スケールでのセキュリティーが対象となっています。つまり，個人から始まって，家庭，地域，国家，さらには地球全体に至るまで，すべての段階でフードセキュリティーが課題となります。そういう使われ方が，政治経済学や社会学などの立場では一般的です。

下川— 今の定義を聞いてて，環境的視点が抜けてますよね。例えば，持続可能性とか，そういうのは出てこないんですね。

秋津— 現代において社会の進路を考える基準として，環境と人権が基本的な大きな二大基準になると思っています。フードセキュリティーというのは，どちらかというと人権のほうに重点がおかれていると思います。しかし，で

162

は環境のことは視野に入っていないのかというとそうではなく，環境的な持続可能性はデフォルトとして条件とされて，フードセキュリティーが考慮されることになります。

下川―　そうなると，気になるのは，地球上に実在する資源の量で，世界のすべての人を今おっしゃったような状態にすることは，物理的に可能なのか？という点ですよね。消費者が食べたい物を多様性をもって供給することが一つの条件みたいに読めるのですが。

秋津―　環境を考えた場合に制約が必要ってことですね。

下川―　そうなんですよ。

環境とのトレードオフ

玉―　そこは，世界がみんな豊かには理想だけど，われわれの考えるところは，国という単位で，国の責任がどこまで果たせられるかという発想じゃないのですかね。

秋津―　しかし，日本の場合には多様で多量の食料輸入をしてるわけで，食を考えるならば少なくとも輸入先のことまでは考えないといけないと思います。日本の政策となれば，国家を中心とすることは必然ですが，食はその範囲内だけで留まっていません。何をどこから輸入するかによって世界とつながります。だから，世界も視野に入れざるをえない。

玉―　齋藤さん，どうですか。世界の食料の途上国も含めた議論について。

齋藤―　そういう意味では，フードセキュリティーっていうのは基本的には個人の食料を保証することですね。最初は1970年代の初めから，それは国全体での量をどう供給するかっていう話だったんだけど，それがどんどん進んでいったんですよ。基本的には，個人の消費をどうするのか。これは世界全体で考えると，先進国があって，途上国があって，先進国は食料を確保するためにお金を払えばいいわけですよね，途上国から買って。そういう意味では，世界全体は連関してますし，食料安全保障をどうやって担保するかっていう観点からいうと，日本国内でのさっきの自給力のようなポテンシャルを

きちんと確保しておくのも重要だし。要は、世界全体での需給の話になってきますから、世界全体での供給量を増やせば食料安全保障は解決するわけですよね。そういう意味では途上国の農村開発であるとか、技術援助であるとか、そういうところも非常に重要になってきますよね。

玉——　開発になってくると、そこに環境との関係が出てきますよね、一つのトレードオフとまでは行かないにしても、環境への配慮をどのくらいできるかっていう。

齋藤——　トレードオフは、ある意味、出てきますよね。例えば、パリ協定なんかだと温暖化ガスを増やさないということになってきますよね。20数パーセントが農業部門で出しているわけで、それを環境に配慮して減らすことは、逆に言うと食料生産を制限することになるんですね。そういう意味では、非常に大きいトレードオフの関係になってくるかなって僕は考えてるんです。

秋津——　地球全体でみて、食料調達関係で25パーセントの環境負荷って言われていますよね。そのうち、大きな部分は本来森林であるところを切り拓いて農地にすることにあります。とくに、牛や羊を飼うために広大な牧草地や放牧地を開発したり、さらに牛や羊はゲップとしてメタンガスを出して温室効果を高めることにもなります。つまり、どのような肉をどれだけ消費するかという問題と関連している。そこを変えれば農業による環境負荷はある程度、下げることは可能です。もちろん、日本での牛肉や羊肉の消費量は欧米に比較すると少ないので、どこまで責任があるかということにはなります。それともう1つ、日本はおもに途上国から食料を買っているというイメージは現実とは違うんじゃないですか。

齋藤——　先進国から。

秋津——　先進国でしょう、ほとんど。

齋藤——　先進国から買ってても、それは世界全体に結び付いてますよね。需要が増えるから価格が上がるし。

秋津——　先進国で生産された食料が、日本が買うがゆえに途上国に渡らないというイメージではないでしょうか。嗜好品をのぞけば、途上国からはあま

164

り買ってないでしょう。主要食料では，ブラジルからくらいではないでしょうか。

下川——　バナナとかコーヒーですかね。

関根——　日本はブラジルからかなり大豆を購入しています。家畜の飼料や水産物，パーム油なども，南米や東南アジアなどの南の国に依存しています。

「食料主権」

玉——　関根さんは，「食料主権」についてはどうですか。食料安全保障との関連で。

関根——　食料主権，フードソブレンティーの方ですね。こちらは2007年の市民社会の国際フォーラムで「ニエレニ宣言」が出されて，そこで「生態学的に健全で，持続可能な方法で生産された健康的で文化的に適切な食料に対する人々の権利。そして，自らの食料と農業システムを定義する権利」と定義されています。もともとは市民社会運動の中で1990年代頃に作られてきたものですが，今では国連文書やEUの政策文書にも出てきますし，EU議会の議事録を読んでいても，このウクライナ危機の中でかなり議論されています。フランスの農業省の名前が2022年に変わって，農業・食料主権省になりました。そのくらい食料主権という言葉がメジャーになっています。また，アグロエコロジー運動ともかなり親和的な概念ですね。あと，もう一つ，国連のほうで食料への権利，「Right to Food」という概念があり，これも関連する概念なので紹介してもよいでしょうか。

玉——どうぞ。

関根——　1999年に国連の経済社会文化権に関する委員会が，「適切で十分な量の食料への権利は，男性，女性，子どもが個人，あるいはコミュニティで他の人とともにいつでも適切で十分な量の食料を入手できるか，その食料の調達手段を物理的，経済的に有しているときに実現される」と定義しています。これは国際人権法，それから人権規約に基づく公的な権利として認められていて，国連人権理事会には「食料への権利」特別報告者が配置されてい

て，毎年，いろいろな報告書を出しています。その「食料への権利」と「食料主権」の概念は，お互いに補い合うような関係性だと言われています。

玉── 農水省では食料主権，少し中で議論になってるんですか。

萩原── 食料主権という考え方については，国連で取り上げられている概念ですが，農林水産省において正面から取り上げて議論しているということは聞いたことがありません。食料主権については，国会でも取り上げられることがあります。

木村── 日本の国会でも議論されることがありますが，行政の方で使われることはあまりありません。途上国の貧困問題との関わりで議論されることはあるのでしょうが。

玉── さっきの下川さんが言ってた，消費者の好き勝手が許されない時代に，消費者が主体性を持って関わるというあたりと絡まないんですか。

下川── 関根さんに質問なのですが，欧米の人が権利を好きなのは分かるんです。でも，欧米では権利って言う場合，結構，責任も付随してくる社会的素養がありますよね。そういう意味で，欧米の人が権利って言う場合と，日本人が権利っていう場合は違う気はするんです。その辺り，主権を言ったときに，消費者とか食品産業に対する責任みたいなものも含む取り組みになってるんですか。

関根── はい，まさにそうだと思います。消費者に対しても受け身な消費者ではなく，考えて行動する主体的な消費者，「市民」という位置付けだと思います。なので，生産者，消費者に二分するのではなくて，生産者も消費者も同じ市民として持続可能な食のシステムを作るために協力するという意味が込められていると思います。

下川── 明文化された形で何かありませんか。今，言われたような内容について。

関根── 消費者側の食料主権については，例えば知る権利，知らされる権利，選ぶ権利，意見を聞いてもらう権利，自己決定の権利という言い方がされますね。生産者側は，何を作るかを選ぶ権利，何を作るかを自分で定義する権

利という言い方をしています。

秋津―　食料主権とは違う概念で，フード・シチズンシップとか，シチズン・コンシューマーっていうのもあります。フード・シチズンシップが今話されている内容にもっとも近い。つまり，権利と責任がセットになっていることがシチズンという概念で表現されています。それはすでにさまざまな文献で主張されています。

木村―　その概念が今の日本の消費者にはないことが問題なのですか。

秋津―　私は，食料主権と言わずに「食の主権」と，『の』を入れています。それを例えば授業で学生に説明するときに，まず「君らは本当に自分の食べたい物を買って食べてるか」と問う。「スーパーにはいっぱい食べものが並んでいて豊富な選択肢があるように見えるけど，本当に君らが食べたい物がスーパーに並べられているの」と聞く。例えば，有機のものを食べたいと思っても，そのスーパーに売ってなければ買えない。そのことをどう考えるか，声を上げるにはどうしたらいいのか。そこで，参加が求められてくる。それがセットになってないと，ただ食料主権ではピンとこないと思います。

木村―　その概念自体は，否定するものでも反対するものでもないと思いますが，だから国がこういう施策を講じるべきという議論をもっとしなければ，具体的な政策にはならない。

下川―　それが行政の仕事なのかどうかも僕は疑問だとは思うんです。そのシチズンシップを作るのは行政の仕事ではないと思っています。それは私たち市民の責任ですよね。責任という言い方が適切かどうかはわからないですけれど。

萩原―　行政の仕事という点では，行政だけで自給率を上げることは困難です。なお，自給率目標の達成に向けて，様々な政策・財政措置が必要であるという推進派もいますが，一方で政府による国民の食生活への介入なので，自給率そのものに反対という反対派もいます。

農村政策と転作助成

玉— 次にいかないと時間がないので，テーマ３の農村をどう蘇らせるか。それは，本当にその可能性はあるのか。これについて，小田切さんは2020年の基本計画で，ようやく両輪そろったと，かなり積極的に評価していますが，図司さん，どうですかね。

図司— ちょうど秋津先生から原稿の依頼があって，新基本法から20年あまりを振り返る作業を行いました。おそらく，文言としては前の基本計画にもいろいろ書き込んでいたものの，結局，そこに魂を込められずに空文化していたと思うのです。農村政策としては，ジビエや農泊など個別の事業が細切れに立ち上がるばかりで，結局，経営体重視に引きずられていたのを，なんとかバランスを元に戻したというのがまずは実情かなと。

　私も新たな基本計画の策定に関わったのですが，農村政策の最初の素案が出たときは，例えば田園回帰のトーンも薄く，これはよろしくないと意見を出して，ここまで来た経緯があります。その点で，今回は政策サイドからも『農山漁村発イノベーション』のように，６次産業化を越える発想が出てきたのは，結構，チャレンジングなところかなと思います。あと，暮らしと活力と仕事という柱立てをしながら，先ほどの横ぐしの話も絡んできますけど，他省庁がやっていることも，農村振興局が主幹官庁としてしっかり連携を取っていく気概を見せて，農村政策を発信する姿勢を打ち出した意義は大きいと思います。

木村— 自分はいま水田の作付転換いわゆる転作の仕事を担当しているのですが，水田の交付金のあり方をめぐって大きな議論をしています。ひとつ論点を紹介すると，中山間地域で転作をずっとやってきたというケースがあって，転作は昭和40年代から行っている政策ですが，中山間地域で特に多いのは大豆とかそばによる転作です。国が生産者に交付しているのは，水田への交付金なので水田でないところ，つまりもう畑になってしまっているところには交付金は払えませんというルールがあるのですが，これを再徹底しよう

としています。実際，中山間地域では転作する水田を固定化していて，それをずっと続けてきた結果，もはや水が張れないとか，用水路が使えないとか，畔が壊れているといった状態になっているところもある。もはや水田とは言えないところには，交付金を払えないのですが，交付金がなくなると，もう中山間地域では農業はできないから，水田の交付金ではない別の支援が必要という現場の声を聞きます。ずっと前は，水田だったかもしれないけど，今は水田として使っていない，そういうところに転作の名目で支援をして，農地を守ってきた実態がある。

　近年の農政では，産業政策と地域政策は車の両輪と言っていますが，水田交付金は産業政策として需要に応じた生産を促す政策です。しかしながら例えば大豆であれば，10アール3.5万円出るのですが，耕作者がそれを受け取って，そこから農地を借りていれば地主に1万円とか2万円を地代として支払う。さらに，水利費を払わなきゃいけないということで，大豆では水稲ほど水は使わないのですが，何千円か払う。それから，農作業を誰か委託してやってもらう場合は，その委託費も払う。こういう形で，水田交付金をもらえるから，それを周りの関係者に分配しながら何とか農業を続けて，農地を守っているという，そういう農村の実態が続いてきていて，結局，転作のための交付金がなくなったらこうした分配ができなくなり，みんなが困る。それだけ交付金に依存して農業を続けているという実態がある。

　つまり，地域政策で農村を守ると言ってきたものが，実際は水田政策に依存してきたのではないかということです。それは農水省の政策の問題ではありますが，転作のためと言えば，予算がつくので，転作とは違う目的の政策も転作のためといって予算を取って，地域政策として分配してきたのではないか。今では水田予算は3,500億円ぐらいになっていますが，それを分配するという政策を行ってきた結果，特に中山間地域の農家は水田交付金がないとやっていけなくなってしまった。産業政策であるはずの水田交付金が地域政策として使われて来た結果，そういう農業にしてしまったということです。

玉一　それは，転作交付金が日本型の中山間地域直接支払みたいなものだっ

たということですよね。ある意味で。それを制度的に組み替えることはできないんですか。

木村─　そこは自分としても，政策目的に沿って組み替えていくべきだと思っていますが，縦割りの問題を乗り越える必要があります。本来，そばとか大豆などは，水田でなく畑で作るものです，狭い水田に作るより，広い傾斜地で作ったほうが生産性が高いです。それを産業政策，地域政策の二元論のような話で片付けてしまう前に，もっと根っこのところまで問題を掘り下げて，いま中山間地域で起きていることを検証していかなければならないと感じています。

玉─　二元論は，縦割りの問題でもあるので，そこをどう組み替えていくか，かなり大きな課題でしょうね。それでも，今回の基本計画では，かなり踏み込んだ表現も幾つかありますよね。経営体にまで至らなくても農村に住むことに価値を見いだす，そういった広い意味での「新しい小農」にも支援していくという文言とか。

木村─　それはそれで大事だと思います。地域に担い手がいなければ，担い手でない人にも農業をしてもらうのも必要だと思うけど，まずは今の担い手がどういう農業をやっていて，どうやって農村の維持を図ろうとしているのかをよく見ていく必要があります。

玉─　かなり高齢化が効いてるんでしょう？　高齢化と後継者不足が。

マインドの問題

木村─　交付金をもらえるからやろう，交付金がなくなったらやめる，そういう農業になってしまっているのではないか。それは，今までの政策が悪かったという面は多分にありますが，そういうところから直していかないと，いくら農外から人を入れてもうまくいかないと思います。

玉─　惰性的になっている。

木村─　都市から地方への人の動きは，少なからず出てくると思いますが，図司さんに少しお聞きしたいのは，農村政策に関しては田園回帰とか耳障り

良い話が多いのですが，農村政策の最近の議論では，先ほど申し上げた本当
の根っこのところの問題を避けているのではないかという感じがするのです
が，どうですか。

玉―　マインドっていうのはすごく大事で，それで田園回帰とかで，外から
来る人が刺激を与える場合がある。それで，どうなんですかね，田園回帰は。
コロナという新しい事態の下で進むのかどうか。予測では，都市から地方へ
の人口の回帰が強まるだろうという見通しが出てるわけですけど。

図司―　2つの話ですね。まず，コロナ禍で田園回帰の動きが強まるかです
が，そこまで強く影響は及んでいないというのが，見えてきたところですね。
コロナでの東京からの転出も，実際の動きは首都圏から100キロ圏内ぐらい
までなんですね。農村の末端まで動くまでのムーブメントには至っていない。
ただ潮流として，昨日，出張先の高知で聞いたのでは，学卒で地域起こし協
力隊で地方に飛んでくる動きは続いているので，おそらく，田園回帰の動き
は弱まってはいない。今後，それが強まるかどうかは何とも言えないですけ
ども，選択肢の中に農村とか地方都市は入ってきている。あとは，地方創生
の中で，移住政策として自治体として受け皿ができているかどうか。そうい
う構えができているところは，移住の動きが進むだろうと思うんです。

　ただ，現場レベルまでいくと，地域農業の担い手はどうかというと，農地
と家の問題が出てきます。ある意味，地域を外に開いて，オープンにできて
いるかが問われてくる。実際に移住の話は地域づくりのハードルが高いので，
都市農村交流のようによそ者と交わるポテンシャルを少しずつ上げていかな
いと難しいと思うんですね。実際に，都市農村交流をやっている地域はそこ
まで多くないので。前半の話と関係して，消費者と組んで一緒に生産のあり
方を考えているところは，移住者の受け入れも仲間づくりとして考えられて
いると思いますね。

　交付金の話は，僕が回っている現場は交付金をもらえても厳しい所が多い
ので。ただ，家の財産としての意識が依然として強くて，移住者やよそ者に
頑なだったりしますね。自分の息子が後を継がず相続できないが，かといっ

てよその人に譲りたくもない。何もしないまま家が朽ちていく形になっていっている。「むら・むら格差」と表現していますが，農村間でよそ者とうまくやっていくオープンな地域と，それを拒むクローズな地域の差がだんだん広がってきている。オープンな所は多分，次の担い手にちゃんとつないでいくけれども，交付金のように目の前の話にこだわり過ぎる所は，結果的にクローズな地域のようで，かえって状況が厳しくなっている感じがします。

秋津——　図司さんは厳しい所ばかり回られていますが，そんな場所でさきほどの水田転作の交付金がなくなると，ほんとうに大変だと思います。それはもうマインドという問題ではなく生き残りの問題です。しかし，おそらく，それの背後に普通に転作している場所，もっと条件のいい場所で転作地が恒常化した場所があるんじゃないかと思います。京都近郊で話を聞いていると，そこには京野菜の産地があって，その産地化した京野菜栽培を転作の場所でやっているそうです。ちゃんと産地化にもかかわらず，転作補助金がなくなると困るという中山間地の事情を隠れ蓑にしているようにも見えます。そうしたところは，マインドの問題といえるかもしれません。

木村——　それもありますね。そもそも，水田で野菜作る必要があるのかということですが，なぜかというと転作助成金がもらえるからというケースが多い。野菜を売れば，かなり儲かるので，畑にすれば良いのではと思いますが，水田でないと駄目だと。

秋津——　そう考えると，マインドセットを転換する必要がある対象としてJAが思い浮かびますよね。JAは千差万別で，本当に先端的なところもあることはあるけど，平均像をいうと変わろうとしているJAは少ないように見えます。だから，農業と地域問題ということを考えたときにJAの対応というか体制というか，そこのマインドセットを考えないとダメだと思います。京都などで活動するとそのことを痛感します。

下川——　ちょっと愚痴になるんですけど。私は最近，大豆押しのプロジェクトをやっているのですが，複数の農水省の方が同じデータを繰り返し持ってきて，大豆は儲かりませんって言うんですよ。でも，木村さんのおっしゃっ

たように，大豆って水田の裏作で作ることも多いのでやる気のない農家も多くて，そんなやる気のない農家の収量も混ぜて全国平均したら，収量が低くなって当たり前なんですよ。でも，担当者が変わるたびに，そのデータを「大豆が儲からない証拠」として持ってこられて，こちらはまた1から説明しなきゃいけない。そういうデータを読む力のなさに，イライラするんですよね。

木村── 御指摘のとおり，大豆の単収は20〜30年前とほぼ変わっていないんですよ，全国平均で。交付金をもらえるから作るという大豆が増えてきて，捨てづくりのような作り方をされるケースもあって，ものすごく単収が落ちています。作付面積もあまり増えていない。これだけ食料安全保障の議論が世間的に盛り上がってきているのですが，結局，先ほどの話のように生産現場が食料供給を担えるような状況になってないわけですよね。それが今の政策の限界かもしれません。そこを今回の見直しでどう変えていくのかという話だと思います。

アグロエコロジー

玉── そのマインドの問題，非常に大事で。それに関連してEUから学ぶことはないのかっていうのと，アグロエコロジーという概念が何らかの形で農村に浸透していく可能性があるのかどうなのか。その辺，どうなんですかね。

関根── そうですね。日本では，まだアグロエコロジーという言葉が聞かれないですし，メディアでも行政の文書でも出てきません。研究者でも研究してる方が少ないです。ところが，10年余り前からEUに限らず国際的にアグロエコロジーが持続可能な農業・食料システムの代名詞のようになって，政策の中にかなり入っています。アグロエコロジーに関する研究も急速に増えています。EUでは2023年から農業補助金の加算要件にもアグロエコロジーが加わります。日本の「みどりの食料システム戦略」にも関わりますが，EUの「Farm to Fork」戦略の中でもアグロエコロジーが推進されています。

　アグロエコロジーは，単なる農業技術ではありません。食の安全性や環境

173

保護の面だけではなく，社会経済的な問題を解決する手法としても実は注目されています。特に，アグロエコロジーへの転換によって，小規模農業でも所得が向上するということも指摘されています。EUは，アグロエコロジーや小規模農業に日本よりかなり手厚い直接支払いを行っています。私は，補助金自体が駄目なのではなく，どういう目的で，どういう条件で交付するかが重要だと思います。EUでは2023年から新しい共通農業政策（2023-27年）が始まりますが，そこでも環境コンプライアンスを一段階引き上げて，アグロエコロジーや脱炭素農業，有機農業などの追加的な環境配慮をした農家に対して上乗せ支払いを行う「エコスキーム」という制度を始めますので，日本にとっても参考になると思います。

玉―　先ほどの消費者の参加の話と関連して，分権化の動きも，EUにあると思うのですが，そこはどうなんでしょう。農村の地域政策進める上で，どこが主体になるのがいいのか。国がやると，どうしても画一的になるから，方向性だけで，地方が国の政策をうまく使えばという話もありますが，農水と地方の住み分けも今後考えなきゃならないですよね。

関根―　例えばフランスでは，すでにかなり分権化をしていて，今後さらにそれを強めていく流れです。食料計画，食料政策も国やEUで決めるというよりも，できるだけ地域の単位で決めていく「PAT」という政策があります。フランスは複数の県を束ねる地域圏という地方行政区画を採用しています。ただ，予算もちゃんと分権化しないと，権限だけ，あるいは業務だけ分権化しても実体が伴わないので，実現可能性のあるようなデザインにする必要があると思います。

秋津―　参加型にして地域で考えてくれといっても，マインドセットも含めて，ある程度，長い変化や目標を見越した発想をもとにした意見が出されて，政策化していけるのか。この間，高知に行ったときに，移住者の中にはそれを担える人も出てきているという印象を受けました。問題はそういう人たちが，政策づくりに参加できる仕組みができているかどうかにあります。今までの農村の仕組みではそれがなかなかむずかしかった。しかし，本当に厳し

い場合は，そんなことを言ってられないので，変化が出てきている。移住者がそういう地域の未来を決める意思決定の場に参加することで変わってくる可能性があると思います。

木村──　そうですね。マインドがないところに分権をしたって，既得権益を強めるだけだと思います。だから，分権から始まるのではないと思います。

下川──　マインドも大事なのですが，その前に，関根さんの話の中の「アグロエコロジーが日本で広まらない」という話を聞いて，それはそうだろうなと思いました。言葉的に全然ピンとこないじゃないですか。欧米ではアグロエコロジーという言葉は母国語と似ているからわかるかもしれませんが，多くの日本人にはわからないでしょう。そのような言葉をカタカナでそのまま輸入するのは，日本の学者や専門家が世の中に伝えるっていう努力が根本的に足りないなって，私なんかは感じてしまうんです。一方で，みどりの食料システム戦略って名前は，個人的には結構評価が高くて，分かりやすいなと思いました。

玉──　予備討論なので，ここでいったん切りますね。

3．テーマ 1　農業基本法 3.0

学会と農水省の連携

玉──　では，テーマ 1 をはじめます。ここでは，農業経済学会と農水省が連携して大会シンポジウムで農業基本法をテーマとした経緯，そこでの議論と 2020 年食料・農業・農村基本計画に現れた農政基調の変化，そしてコロナで中止となった連携 2 年目の大会シンポジウム，最後にロシア・ウクライナ戦争を踏まえた現段階から農業基本法 3.0 について議論したいと思います。まず，学会と農水省の連携について木村さん，お願いします。

木村──　学会と農水省との連携については，最初は私の恩師である生源寺先生からお話をいただいて試行錯誤を続けてきて，盛田先生が会長の時に大会でミニシンポを開催し，草苅会長の下で学会・農水省連携の大会シンポジウ

ムになったという経緯があります。農水省でも，政策を作る際に学識経験者の皆さんから審議会等でご意見をいただく機会はありますけど，現場に実際に入ったり国際情勢を調査されたり，行政にはない様々な知見が学会にはあると思いますので，それを行政の側でも活用させていただきたいという側面と，逆に農水省の方から情報やデータを学会側に提供して，それを分析していただいて，新しい知見を生み出していけないかという思いでこうした連携を深めてきました。今まさに基本法の見直しが検討されようとしているこうした時にこそ，学会から積極的にご提言いただきたいと思います。

玉— 草苅会長の下で大会シンポになったのですが，テーマをいろいろ出しあった中で，木村さんでしたよね。「基本法20年，これからの20年」を出されたのは。萩原さんも参加してたと思いますけども。

萩原— そこまで熟してなかったのですが，もう20年もたってるし，時代の変化に応じた見直しが必要じゃないかという意見がポコポコ出始めたころだったんですね。

玉— 図司さんとかは，審議会で農水省の政策立案にかなりコミットしているじゃないですか。そういう関わり方と，今回の学会シンポジウムで政策について報告するのと，違いはありましたか。

図司— 審議会はやはり全体のしつらえがあるし，政策当局の持っている方向性もあるので，その辺をおもんぱかりながらやるところはありますね。その場合，やはり現場によく出ているし，政策を作っている皆さんも現場の状況把握が難しいと聞いているので，なるべく現場の様子をお伝えをしながらより説得力を持たせていくような考え方は基本的に変わらないと思いますが。

バックキャスティングという観点

玉— ただ，今回はバックキャスティングという観点に立っての報告でしたよね。それは普段の政策との関わりと違いもあったのじゃないですか。

図司— 確かに，この先5年ぐらいの目線でやってることが多いので，その意味で今回はかなり先を見ながら報告させてもらったのは良かったと思いま

す。今，さかんにビジョン作りを求められる場面が増えていますが，もうちょっと長い目線で考えないといけないと，改めて感じていますね。

玉——　今回の私たちのシンポは，かなり草苅会長がリーダーシップを発揮して，打ち合わせの時にもっと大胆に考えるように発破をかけられましたよね。要するに，これまでの前提を壊して思い切った発想で現実を見て，提案もしようと強調して，そういう流れの中で，バックキャスティングという観点も出てきたのですが，それには秋津さんの意見も大きかったですよね。

秋津——　バックキャスティングという発想は，昨年のシンポで強く打ち出されて，今年のシンポでも私の方から少しふれたのですが，将来の目標を長めに，普通は30年ぐらいを目処に設定します。20年はちょっと短いですね。30年ぐらいで考えておくと，1世代後ということになって，何かを抜本的に変えることを考えることができるのですが，かなり先の話になるので，そのときにどういう目標を設定するかが難しい。さらにその目標を共有することが求められる。共有できていないと，政策がシンクロナイズしなくなります。共有された目標に向けて，いろいろな政策が現在からの第一歩を考えることによって，それらの政策がシンクロナイズするからです。そういう共有目標の決め方もあまり注目されてなくて，そこにも議論が必要です。

玉——　そういう発想での積み重ねが十分でないということですね。メンバーを選ぶときに若手を入れなきゃと，若手代表で引っ張り込まれた下川さん，あのシンポについてなにか思うところがありましたか。

下川——　今の話聞いてて，要するに学術系の人と実務・行政の人がもっとコミュニケーションを取るべきだといわれるだけで，その具体性に欠けるんですね。でも今秋津先生の話聞いてて，バックキャスティングっていうフレームワークの中だと，目指すべき目標について，夢見心地の学術と大きなことを言いたくない行政の人たちがせめぎ合って議論することで，ちょうどいい目標を見つけるというメリットがあるのじゃないかと思いました。だからそこの，秋津先生が言われたプロセスの部分をもっと行政と学術が協力し合って作り出す。若手の役割は全然そこに入ってないんですけど。

秋津―　若手には30年後もまだ生きているという意味があります。私なんかはもうほとんど駄目だけど。（笑い）

玉―　今，30年って話，出ましたけど，私が作成した表が偶然，基本法1.0が30年。2.0が30年なんですよ。これは，30年くらいの単位で世の中が大きく変わるためで，だから3.0も30年ぐらいの枠組みで考えなければいけない。まさに今が学会と農水省で連携して，基本法の改正を議論していく時かなと思うのですが。

木村―　現在の農政における大きな課題は，国際的な肥料や飼料，エネルギーの価格高騰による国内農業への影響にどう対応していくかということですが，この問題が，一時的な問題ではなく，構造的に起きているということであれば，対症療法でなくきちんと日本農業の構造自体も変化させていかなければならない。その中で，政府与党の議論においても，基本法の見直しを含めた検討が必要との声が上がってきています。今秋以降の議論になると思いますが，今の基本法は平成４年の「新政策」から30年経っているので，日本農業をめぐる環境も大きく変わってきているし，持続可能性の問題も最近は避けて通れなくなってきている。30年という玉先生がおっしゃる区切りから言っても，ぜひ学会からもバックキャスティングの発想で，今必要なアクションについてご提案をいただきたいと思います。

玉―　2019年のシンポでは萩原さんに報告者に入ってもらって，日本より先に行く先進例として，EUに力入れて報告してもらった経緯がありますが，萩原さんから見て，今の農政の変化について，EUから感じるものはありますか。

EUから学ぶ

萩原―　やはりEUのほうが世の中の動きを先取りしてる感じがします。特に，環境の配慮と持続性という点です。かつその視点についても地域とか，かなり細かいところに目配されています。EUでは，「Farm to Fork」の思想が出てきて，それが大きな流れになっており，生産段階，または加工流通

段階, 消費段階まで, サステナビリティ, 環境に配慮が求められています。食ロスについても 4 義務付けが行なわれており, 環境への配慮が入っています。その点, 下川さんも言ってた消費の都合まで含んだフードシステム全体を捉えた考え方は重要で, 特に食品産業の取組も大きな課題です。これからも, EU から学ぶものがあると思います。

下川─　EU から学ぶのは僕も賛成なのですが, これまで見ていると, EU の枠組みをそのままコピー・アンド・ペーストしている感じがします。みどりの食料戦略もそうじゃないですか。でも有機栽培にしたって, 日本は雑草とか害虫って EU より全然発生しやすい自然条件ですし, 畑作中心ではなく水田中心ですよね。なので, 日本のゴールを考えるときに日本特有の問題に合わせた考え方をしないとだめだと思います。

関根─　確かに,「Farm to Fork」とみどりの食料システム戦略には共通点があります。例えば, 農地の25パーセントを有機農業にする目標を掲げている点です。ただ, EU のほうは2030年までの目標で, 日本は2050年までの目標なので, そこは農水省が日本に合わせた形にしたのだと思います。また,「Farm to Fork」の内容も EU で様々な議論があって, もっと野心的になれという意見もありましたが, コロナ禍とウクライナ危機を受けて, 農薬禁止のスケジュールを遅らせたりしています。日本でも, 下川さんが言われるように, 日本に合わせた議論が必要だと私も思います。

農業・農村の政治力

玉─　ちょっと基本法農政を振り返ると, 1.0はやはり生産者の所得向上に焦点が当たっていた。それが90年代に入ってグローバリゼーション, そしてWTO体制への移行が課題となって, 消費者にも支持される農政という視点が入ってきた。食料と農業と農村を 3 つに分けたのもその表れですが, 別の見方をすると1.0の段階は農業が政治力を強力に持っていた, それが2.0の段階ではもう都市住民が数の上で政治を動かすようになった結果とも見える。今後は農村の政治力はもっと落ちるので, もはや都市の消費者と連携しない

限り，農村の要求を政策に反映できなくなる。都市と農村との同盟が次の3.0を考える上ではどうしても必要になると思うのですが，この点について図司さんどうですか。

図司―　多分，分かりやすい例では，うちの学生に盆とか正月に帰省したかと聞くと，手を挙げる学生がだんだん減ってきた。だから，先ほどの政治力みたいな話も，故郷が地方にある学生は減って，農村をまったく知らない学生ばかりとなる。ただ，実態を知らないことがプラスに働いてることもあるように感じています。変な先入観なく相互理解ができる。また，学生，若い世代のほうが，環境に関心を持ってて，フットワークも軽くて，後で田園回帰の話も議論になると思いますが，都市農村対流の担い手が若くなってくる気はしてますね。

秋津―　それに関連して，社会学の世界で言われていることを紹介すると，プラネタリー・アーバニゼーションといって地球全体がもう都市化しているという議論があります。実際2006年頃に，世界レベルで農村人口よりも都市人口が多くなりました。生活様式としての農村がなくなりつつある。かつて農村の生活様式と都市の生活様式という区別がありましたが，農村だと思って一歩踏み込んでみると都市的な生活様式になっている。それは，皆さんもお感じのとおりです。だから，もう農村社会学はいらないんじゃないかという危機感すらある。でも，今はそれを逆手に取って，農村と呼ばれてきたところをどう考えていくのか。そこの資源の使い方とか，人の暮らし方とか，そういうことを考え直していく時期なんだと感じます。

　今後も都市は拡大するし，圧倒的マジョリティーになるし，そちらのパワーも強まる。だから，むしろ自分たちが息をして酸素を吸うことや，あるいは毎日の食としてお世話になっている代償として農村とどう関わっていくのか。さきほどの連携とか関わりの視点について，今後は都市の側からとして方向転換していくべきじゃないかと思っています。

玉―　だんだん農村が希少化していってるわけですよね。

秋津―　そう。だからあまり農村の「農村性」みたいなものについて，私と

してはこだわりたい気持ちもありますが，こだわりすぎてもだめなのかなと思ったりしています。

「都市vs農村」ではない

玉—　でもその一方で，大学に農学部が増えているという現象がありますよね。かつては，農学部はいらないと言われて，名前を変えていたのに。これは，農業・農村に対するプラスの関心が高まっているからでしょう。

秋津—　それは都市の側から見た農への関心のような気がしていて，いわば商品化された農の部分ともいえるかもしれません。昔の農村がいいと思っているわけでは決してなくて，農に関連していながら，かつてとは違う対象が注目を集めていると考えないと，動きを見失うのじゃないかと考えています。

玉—　価値観みたいなものが違うってことですかね？

秋津—　若い世代のですか。

玉—　そう，若い世代が当たり前としている価値観と違うものが農村にあるという意味で。

秋津—　農村で暮らしてきた人たちからすれば当たり前のことが都市から見れば全然違う。それが後のテーマの農村への移住などとつながるように思います。

下川—　先ほど図司さんも言ってたように，現実世界では「農村イコール農業」ではなくなってきた。でもいまだに「農業イコール農村」というイメージの人も多いと思うんです。でも，そのようなイメージにはこだわらなくていいのかなと思っています。都市のど真ん中で，ビルの中で農業してもいいですよ。ドイツでは，新型コロナのせいで，スーパーの近くのビルで野菜を育てるような取り組みとかも始まっています。今後は，都市近郊農業よりもさらに消費者に近い，都市中農業を実現するための技術革新が進む可能性が高いと思います。

図司—　それは国土形成計画の見直しでも出ていて，都市の縮退との関連で空きスペース，オープンスペースをどうするの話の中で，いままでは農業潰

して住宅にしていったものが，農に戻していくのが選択肢に入ってくると思う。全部を公園にしたら管理が大変なので，コスト面や管理面から考えても，そこは結構大事な話になるかなと思いますね。

下川―　ビルの屋上の緑地化に関する法律もありますよね。あれ，緑地化だけではなくて農作物を育てるようにできないんですかね？かなりの面積を確保できると思うのですが。

玉―　それは次の食料安全保障に関わってくるテーマですね。

秋津―　ヨーロッパでは，かなり早い段階で，都市の中での農業が注目されています。そもそも都市であっても土地に余裕があるので。アメリカでも自動車産業が駄目になって空き地ができたので，そこを農地として利用したというデトロイトなどの有名な例があります。

玉―　そこで，農業と農村は分けて，農村の持ってる価値を考える必要があると思うのです。シンポジウムのテーマを「多面的機能」ではなく「多面的価値」にしたのは，効率性とか機能性とは別に「意味」や「価値」を評価する流れがある中で，農業・農村が持つ「意味」や「価値」を議論すべき時になっているのじゃないか。SNSとか情報化の進展で，バーチャルなウェブ上では簡単に見えても，リアルに触れることのできる農業・農村の価値を農政としてどう扱うのか。

木村―　今の議論は面白いですよね。要は都市・農村の違いが，今の基本法が前提になっているわけじゃないですか。だけど，最近ではそういう垣根がなくなってきている。都市部でも都市農業という形で農業はあるし，逆に農村部でもテレワークで仕事ができるし，農業以外の仕事もしやすくなっている。そういう変化を踏まえた施策を考えていかなければならない。半農半Xという話も，もしかしたらそういう大きな流れの中で出てきた経営体の1つなのかもしれない。ただ担い手が不足しているから，担い手以外にも農業をやってもらうっていうことでなく，社会構造自体が変化し，都市と農村との垣根がなくなってきて，つながるようになってきている。

玉―　そっちの方向はまだまだ進むし，進めていったほうが農業にとっては

プラスになるっていう気はしますけどね。

水田をどこまで守るべきか

下川—　農村しか担うことのできない役割っていうのは絶対あると思う。例えば穀物とか畜産とかって，ビルの中でやるのはすごく難しい。特に畜産は臭いが出るので，都市中でやるのはまず無理です。都市ではできない役割を農村に求めるなら，ある程度は農村を保護するような政策は必要だと思います。

玉—　棚田の話によく出てきますが，あれには1000年ぐらいの人の営々とした労働投資が蓄積してるわけですよね。その意味や価値をどう考えるか。

木村—　農村イコール水田というのが昔ながらの日本の農業のイメージじゃないですか。その原風景が今も強く残っているから，水田は何とか守らなければとなる。水田の面積は全国で約220万ヘクタールあるんですよ，そのうち主食の米を作ってるのは，約130万ヘクタールだけなんです。残り90万ヘクタールでは，水田でありながら主食の米でないものを作っています。麦や大豆，野菜，あとは飼料用の米とかですね。だから，水田を守るっていう視点ももちろん大事なのですが，水田で主食の米以外のものを作るために転作の支援が必要で，それがどんどん広がって財政負担もかなり大きくなっている。この水田を守るために毎年何千億円もの税金を使うという議論に，国民や納税者がどこまで理解をしてくれるのか。水田を守ることイコール農村を守るということでなく，水田でなくても畑でもよいのではないかという意見もある。もっと言えば，農地でなくして森林に戻せば良いのではないかとか，鳥獣害の緩衝地帯として活用すれば良いのではないかとか，そういう水田を守ることと農村を守ることの関係を，これから考えていかなければならないと思います。

玉—　基本法1.0は，食管制度と一体で水田の所得向上を狙ってた。2.0も，土地利用型農業として借地による経営規模拡大を推奨したけど，そこでも水田が強くイメージされてましたよね。だから3.0は，日本農業イコール水田

の発想からの脱却が課題となるのかもしれませんね。

秋津— ちょっと話がずれるかもしれませんが，米の消費はもう伸びないんでしょうか。

玉— 今後，小麦が高くなってパンが高くなると，少しは米に戻ってくるのでは。

木村— これまでは主食用米の需要量は毎年10万トンずつ減ってきたんですよ。それがこの6月までの1年間は，コロナで影響を受けた外食が戻ってきたため，10万トンも下がらずに済みました。ただ人口減少と高齢化でこれからも毎年10万トンずつは需要量が減っていきます。この10万トンを単収で割り戻すと約2万ヘクタールです。毎年2万ヘクタールずつ，主食用の米を作る必要がなくなっている。それを他の作物に転作しなくてはならない。水田を守るのであれば2万ヘクタール分を毎年違う作物に転作して，そのための財政支出を増やしていかなければならないということになります。

　米の消費はもう増えないと言われますが，両論あるんです。いつか下げ止まるんじゃないかと言う人と下げ止まらないと言う人がいて。私，昨日テレビを見ていて，その中で，オートミールの「米化」するという話をやっていました。オートミールに水をかけてグズグズな固めのおかゆみたいにするんです。そこにふりかけをかけたり，納豆をかけて食べるようなんですが，そこそこの食感で美味しいそうです。米の消費はまだまだ減るのではないかと危機感を持ちました。

下川— 糖質オフが原因なんですかね，お米食べなくなるのって。

玉— ダイエットは影響してますよ，絶対。

秋津— しかし，玄米を食べれば腹持ちがいい，つまり消化が悪いからですが，ダイエットにはすばらしくいいはずなんですよね。けれど，オートミールとか輸入の穀物はどんどん紹介されて，ダイエットにいいですとか宣伝も上手です。輸入食品は，企業が自らの利益をかけて販売を促進するので，売り方もスマートです。それに対してお米の消費アピールは旧態依然として，たとえば卓球選手を起用してご飯を食べてもらうとか，いままでの食べ方し

184

か提案されてないし，もっとアピールの仕方があるんじゃないか。それが結局，農業全体に深く影響しているだけに工夫のなさを感じます。

食料・栄養への政策的関与

玉――　だから消費はものすごく大事で，下川さんとか氏家さんがさっき言ってたように，消費者の果たす役割，関与の仕方，それを意識的に変えることが政策の中に入るのかどうか。3.0で。

下川――　仕組み的に，農業基本法が消費問題にまで踏み込んでいいのか？という懸念もありますよね。消費者庁の役割とも被ってくるので。その意味で，複数の省庁間に横串を通して取り組む必要がありますよね。

玉――　関根さんどうですか，消費について。ヨーロッパとか世界で何か。

関根――　FAOの中では，私が所属していた栄養・食料システム局が栄養の問題に関わっています。消費と一番結び付きが深いのが栄養の分野です。栄養政策としては，例えば肥満を減らし，食事に由来する疾患を減らすために，消費者に対して望ましい食事のガイドラインを示しているWHOとも連携しています。FAOは単に「栄養をバランスよく取りましょう」というだけではなく，「環境に配慮したもの，地元産のもの，小規模農家が生産したものをできるだけ使いましょう」と言っていて，特に，学校給食をはじめとする公共調達の変革を促し，食育と絡めた消費者教育を推進しています。地理的表示などの認証制度や産消提携なども生産者と消費者をつなぐ仕組みとして，私がいた部局で啓発活動をしています。

　また，EUやアメリカでは，低所得の家庭に対する支援に力を入れています。先ほどの話にもつながりますが，食料はカロリーベースで足りていればよいのではなく，健康や環境に良いもの，そして地域コミュニティや地域経済の発展，農家の所得の向上にもつながるプログラムにしようという流れが強まっています。アメリカでは，所得階層間で有機農産物の消費額にあまり違いがないというデータが出ていますが，それは所得の低い世帯にフードスタンプのような形でクーポン券を配っていて，それで有機農産物を買えてい

ると分析されています。こうした配慮は，日本の消費者政策でも必要だと思います。やはり，単独の省庁で取り組むよりは省庁連携で実施する必要があると思います。フランスの例で言うと，学校給食に有機食材を必ず20パーセント以上入れることが2022年1月から義務化されました。それは環境省と農業・食料主権省が連携して，有機局（アジャンス・ビオ）という機関を設立して，省庁の垣根を越えた体制を作ったからこそできたことです。

玉―　それは参考になりそうですね。

下川―　ちなみに給食の食材の20パーセントを有機食材にするっていうのは，物理的に可能なんですか。つまり，給食の食材の20パーセントを賄えるだけの生産量はあるんですか？

関根―　2022年1月末の時点では公共調達全体の平均で10パーセントになっています。公共調達というのは，学校給食だけではなくて，病院・介護施設の給食，省庁，自治体，刑務所の食堂などを含みます。学校給食だけに限ると有機率は30パーセントになっています。3歳以下の子どもが行く託児所だと，60パーセント近くが有機になっています。

秋津―　それは，重量ベースですか，それとも品目ベースですか。

関根―　金額ベースになります。

下川―　金額ベースか。金額だと話がちょっと違ってきますね。

玉―　でも，そういう割合を決めるのは，政策的にはやりやすいですよね。

木村―　そういう政策が消費者の参加型の政策なのでしょうかね。参加すべきというのは良いと思いますが，そのような政策になってしまうと，本当に参加型の政策なのかなという気がします。

参加型の仕組み

関根―　参加型の仕組みで言うと，先ほど学会と行政の連携が重要だというお話がありましたが，市民社会との連携がもう一つの軸として重要だと思います。やはり市民の意見を吸い上げる仕組み作りが必要ですね。今はパブリックコメントも募集していますが，それをもう少し拡充していくような仕

組みが必要だと思います。私の経験を言いますと，国連の世界食料安全保障委員会（CFS）には，専門家ハイレベルパネルという諮問機関があって，私はその専門家（エキスパート）を2012年から2013年に努めました。FAOやCFSの職員は行政マンの方ですが，専門家ハイレベルパネルのエキスパートは学者の方です。専門家ハイレベルパネルで勧告をまとめるときは，eコンサルテーション（オンライン上で世界中の市民の意見を募集する方法）を2〜3回実施します。そこでは世界中の誰でも，市民社会でも，それから国連加盟国の行政の方でも，学者でも自国の言語で意見を出せます。今から10数年前にCFSの改革が行われて導入されたのですが，これは市民参加型の政策形成と言えると思います。

木村　消費者のことも農政できちんと位置付けて考えていく方向性は，すでに今の基本法に入っているわけで，それで消費者のニーズに合うものを生産しましょうという政策をやってきたのですが，そうは言っても消費者も国産を選ぶとか有機を選ぶ行動になかなか移ってくれない。そうであれば，もっと参加を促すというのはあるのだけど，それは今の基本法の延長であって，そうでないとしたら先ほどの半ば参加強制型のような形で，消費者も半強制的に農業とか環境を守る活動に参加してもらう方向で考えていくということでしょうか。ブラジルで，エタノールをガソリンに混入しているように，ブラジルの農業を守るために消費者にガソリンをいわば買わせているというような話だと思いますが，そういう方向へ転換していくということでしょうか。

玉　もう一歩踏み込んだ介入ですかね。

木村　日本でも，有機の農産物をもっと消費者に購入してもらおうという動きも出てきているので，そういう消費者との関わり方を新しく考えていかなければならないのかなと思いました。

秋津　さきほど関根さんの発言にもありましたが，有機農産物の生産と消費を増やすにあたって，例えば公共調達と言われる給食系などは，公的課題として政策的に目標が立てやすい。しかし，個人の行動という所に踏み込ん

でいくとなかなか強制するというのは難しくて，むしろそのときにどのような参加の形をとるかが考えられないといけない。自分が参加して決める，あるいはそういう可能性のあることが求められると思います。

玉— 決める過程に。

秋津— そうです。決定に参加することで，自分の問題としてその目標に関わることはできるというか。

玉— そうなると国一律というよりは，そこの住民の意識によって，それが入るところとなかなかそこまで行かないところって，そういう差は出てきても仕方ない。

秋津— それは仕方ありません。

玉— でも，仕組みは国として作っておく。

秋津— そうですね。

下川— 国じゃない気はする。

玉— 1.0の段階は価格支持だったわけですよ。だから，市場に国が介入していたわけですよね。それが2.0は，とにかく規制緩和とWTOの規則の中で一切の介入を減らしてきたわけだけど，今はバックキャスティングで議論してきたわけだから，政策がもう一回また介入すべきところには介入すると3.0に入れていく必要があるんじゃないですかね。

下川— 僕はそんなに特別なことだとは思っていなくて。最近，環境だ，温室効果ガスだってすごいじゃないですか。ただやり方としては，あるべき世界を強制するのではなくて，あるべき世界のデフォルトを示すことで，考える参照点を変える作戦ですよね。国や世界が目指すべきモデルケースはこれですよと見せて，それに共感するかどうかはあなたたち次第ですよって。半分パターナリスティックなんですけど，完全強制ではない点が重要だと思います。

秋津— さきほど，関根さんが指摘されたような，意見を出したい人は出してねというやり方を日本でおこなっても，なかなか日本では実効性が薄いと感じています。意見は出るかもしれませんが，突出した人たちだけの意見が

出てくる。そういう危惧が先立ってしまいます。私たちの中に議論に参加してものを決めていくという社会的な伝統と経験がないものだから，そうした参加型の仕組みをどう作るかが考えどころです。先に発言のあった，上からの強制とうまく抱き合わせながらやっていくしかないかなと感じています。

関根――　そこで，教育の役割というのが非常に大きいと感じています。欧米などではNGO・NPOなどの市民社会で活躍されていて，eコンサルテーションに意見を出す方々の学歴がとても高く，博士号を持ってる方も多いですし，すごく見識が高いです。研究者以上に情報を持っている方もいらっしゃいます。日本の大学の今後のあり方について言うと，やはり大学・大学院で専門家や研究者を育てるだけではなく，市民社会や行政，民間にも優れた人材を輩出し，市民参加型の政策決定に参加できる人材を育てていくことも，これからの課題だと思います。

玉――　消費の話は，さっきの農村と都市の同盟を考えていく上で鍵になる部分ですよね。その関連で参加の仕組みの話がかなり出ました。強制や介入の話も。いずれも，3.0の枠組みとして欠かせない重要な観点だと思います。さらに，安全保障の話でもありますので，それは次のテーマ２でやりたいと思います。

4．テーマ２　食料安全保障

「自給力」

玉――　それでは，テーマ２の食料安全保障です。これは農業基本法 3.0が2.0と一番変わってくるところだと思います。ちょっと歴史的な観点で1.0と2.0と比較すると，1.0はまだ米ソ冷戦という枠組みが続いていて，そこに食料が位置付いていた。それが2.0は，米ソ冷戦が終わってグローバリゼーションが進んだことで，金さえあれば食料は確保できるになったわけです。それが米中の新冷戦という枠組みに世界が移行し，それにコロナも加わり，かつロシア・ウクライナ戦争となり，このコロナも戦争も長引く可能性があり，

どうしても安全保障がキーになっていく。その意味で，食料安全保障は，間違いなく政策の柱になって来ます。そこで，かつては「自給力」という考え方も示されていた。その辺りから始めたいと思いますが，萩原さんはいかがですか。

萩原—　現在の状況の中で食料自給力は重要な概念になると思うのですが，国民的な理解を得るという点において自給力の概念がそこに付いてきてない気がします。これは，国内でどれぐらい生産ができるのか。あるいは，確保する農地はどれくらいか。今の人口も含めてですけど，もうちょっと緻密に組み立てて，食料自給力を計算する必要があるのではないかという議論もあるからです。

玉—　あれは，自給率という目標を2.0に入れたけど，とても達成できない。なので，問題は自給力だと，言い訳みたいに出てきたんでしたっけ。

萩原—　そもそもの発想については自給率を達成してもいざと言うときに，本当に国内で食料供給が賄えるのかというものだと理解しています。

玉—　有事を想定して。

萩原—　自給力の考え方は，要するに今ある国内の潜在生産能力を測るという概念です。また，有事のことも考えるのが安保です。国内生産でどれだけ賄えるかなど，今ある持ち手を全部使って，自給率だけで十分かというところからスタートしてる概念です。

玉—　齋藤さんとか計算するときに比較的出しやすい数字なんですか，自給力は。

齋藤—　どうですかね。どういう前提条件で推計するかだと思うんですが。僕自身としては，自給力は供給のポテンシャルという位置付けで見ると，非常に重要だと思います。ただ自給率とほとんど変わりないんじゃないか。どうしてかというと，需要量は割と安定してますよね。それを基準にすると，率で見ても，量で見ても，同じだと思う。だけど量で見ると，どれだけ達成できるかが明確になりますよね。それがが1つ。

　もう1つは，食料安全保障って観点から考えると，ポテンシャルをどれだ

け持ってるかが，有事じゃないって言ってましたが，そういう事態を想定したとき，僕は非常に重要だと思ってます。

玉—　あれは今でも計算してましたよね。全部米を作るとか，イモにするとどかいうように。

萩原—　自給力は今でも試算してます。それが傾向として下がってきていま
す。下がってきてる一番の理由は，農地が減ってることの影響があるからで
す。自給率と自給力の制度的な点では，まず，自給率は法定事項になってま
すが自給力はそうなっていません。

玉—　基本法に自給率を入れることについては，相当もめましたよね。学者
的には，自給率は消費にも規定されるわけだから，生産だけじゃないという
批判もかなり多かった。でも今，改めて自給率の議論が国会で出てるようで
すが。その辺りどうですか。

「自給率」

氏家—　例えば，自給率の計算のときに，輸入飼料を差っ引きますよね。実
際，今は肥料やら，燃料やら，全部海外に依存して営農している。だから，
自給力の考え方は方向性としてすごく正しいと思っていて。なので，さっき
齋藤さんも言ってましたけど，前提条件をどう設定して，この場合だとこの
ぐらい，みたいな評価があったほうがいいと思う。そういうシナリオのセッ
ティングをもう少し細かくやって，一般均衡モデルを使って評価するとか，
いろいろツールは多分あると思うんです。

　あと，もう1つ。自給率の話の中で根本的に欠けてるのに分配の議論があ
る。つまり輸送なんですけれども。これは，コロナの検査キットの数は確保
してるけれども行き渡ってない。食料も多分そうなるので，輸送能力をどう
するのか。

　東日本大震災のときにヒアリングをしたんですけど，宮城から山を越えて
山形に行くと日常があった。山をただ越えるだけで。何ていうのかな。ラス
トワンマイルじゃないけど，本当にラストのところで分配がうまくいかない

と欠乏状態になる。それこそ人々にフルセキュリティーの状態を保つことができるのか。率で45パーセントが目標ですって，それをキープできたから何なのって話は，多分，明確じゃないと思うんですね。

下川―　僕は，自給率とか，あまり複雑にしないほうがいいと思っています。さきほど萩原さんが言ったように，国では最低限これだけの農地面積を維持しますという目標を決めるほうが，自給率の目標値を決めるよりは実行力があると思っています。実際，中国はやっていますよね。農地がどんどん減っているので，レッドラインを引いてこれ以上農地面積を減らさないと国が決めています。

　農地をある程度キープすれば，それによって自給率もある程度決まるじゃないですか。だから，結果よりもインプットのところで介入するほうが実施しやすい。その意味で，「みどりの食料システム戦略」は，有機栽培を生産量ではなくて，耕地面積の割合で目標を設定したのはいいと思います。多分，EUの真似だと思いますが，その方が運用もしやすいですよね。自給力とか自給率の目標値を基本法の中で言及するメリットって，それほどない気がします。

「備蓄」

玉―　備蓄ってどうなってるんでしたっけ，政策的には。

萩原―　備蓄について，米は約100万トンあります。その約100万トンをどうやって決めたのか。要するに人口が多いときに決めていた。人口が減少してる中で，本当に約100万トンでいいのかという議論がまずあります。麦は，約90万トンあります。2.3カ月分です。これは米と考え方が違っており，輸入が途絶えたときに，どこの国から輸入できるかを計算してます。実際に麦を輸入するまで4.3カ月かかるのですが，2カ月分は船で輸送中のものがあります。差っ引いて2.3カ月分。そういう計算で大体90万トンあります。その他，飼料も100万トンぐらいあります。それ以外は，昔，大豆の備蓄がありました。

下川―　備蓄を放出したことは，どれぐらいあるんですか？

萩原―　例えば米ですと，熊本地震のときに約86トンを供給しました。災害が起こった場合にはすぐに食べられることができるパンとかが主流です。米だと炊く必要があるからです。基本的に，米は玄米備蓄になっていますが，500トンだけは精米で持ってて，いつでも放出できます。250トンを半年ずつ回転させてますが，リクエストがあればその一部を食育の一環として，こども食堂などに無償交付しています。

木村―　大変なんですよ。農水省の職員が備蓄米を小分けにして，配送しています。

玉―　安全保障は価格の問題もありますよね。齋藤さん，その辺，今のウクライナ問題とかで，国際市況への波及はあるのですか。

齋藤―　結構，ありますよね，価格が上がって。だけど，小麦価格が上がったのはウクライナの戦争だけじゃないですね。もっと前から上がってましたし，肥料価格も上がってたし，農薬の価格も上がってたりで。2年ぐらい前から。原油も影響してます。

萩原―　気候変動の影響があります。最近は熱波の影響が結構あります。北米の穀倉地帯が結構熱波の影響を受け穀物の生産量が落ちました。このため，じわじわ国際相場が上がってきて，いきなり高騰につながりました。

齋藤―　小麦がすごく目立ってますけれども，さっき話が出た油脂，油もすごく上がってますよね。インドネシアのパームオイルは環境負荷が大きいというので，ヨーロッパに輸入禁止されてたんですよね。それで価格が上がって，インドネシアでは国内の安全保障を考えて食用油として使って，今，輸出してないですよね。

木村―　それは確か，解禁されたような話だったでしょうか。

齋藤―　輸出税掛けてね。一種の食料安全保障ですね。

今回の輸出規制の動き

玉―　今回，幾つかの国が輸出に規制掛けましたよね。あの辺りは，WTO

のルールとの絡みでは問題ないのですか。

萩原— ガットの中で，自国の国民に優先的に食料を供給することが可能になるよう輸出規制をすることが認められています。だから，幾つかの国はそれを使っています。日本は輸出規制に反対と主張してるので，安全保障論との関連では，例えばかなり日本からの輸出量が増えた段階などの機会など，適切な時期に，輸出規制に関する考え方を検討する必要があるのではないかと思います。もし日本国内が大変になったとき海外に輸出した方が高く売れるとなっても日本の国民に優先的に供給するので，海外に輸出することを制限するにはどうすれば良いのか。このようなことを検討する必要があるのではないかと思います。

齋藤— そのときは当然，国内優先ですから，輸出しないってことになりますよね。

玉— ただ，その法制的なものは十分なんですか。

萩原— 要するにガットのルールはありますが，基本的に日本には輸出税はないのです。それ以外の手法を検討する必要があるのではないかと思います。

齋藤— でも，掛けることはできるんじゃないですか。

萩原— 多分輸出制限などはできると思います。ただし，その場合，国内法などの制度を変えることも必要かもしれません。

齋藤— この前のWTOの会議で，穀物の輸出制限ができるようになった話を聞いたんですけれども。

萩原— WTOでは，今，安全保障の議論もしています。

下川— 一応，合意したんですよね。でも，努力目標のようなもので，ちょっとあいまいですよね。

萩原— 要は，途上国が大変なことになっている場合，穀物など，輸出できる国は輸出してくださいというような議論がなされています。

齋藤— WTO規定では何もペナルティーはないけど，輸出制限する場合には事前に協議をすると書いてありましたよね。あれが効くかどうかはまた別ですね。逆に言うと，われわれ輸入国だから，非常にそういうところを重要

視しないといけないですよね。

玉— そうですね。輸入できないという事態になったとき。

齋藤— 輸入制限措置は，国内の産業を守るためにできないのに，輸出制限
OKっていうのもおかしいです。

萩原— そこはパラレルになっていません。既にガットで決まっており，どうしようもありませんが，何とかしたいという思いが強いです。

齋藤— だけど，輸出する国の立場からすると，国内優先になるっていうのは，ごく当たり前ですよね。

玉— 国内の農地を外国資本が買うことも，WTOで国内と国外を差別してはいけないから，日本で外国人も買ってる。そういう審査を，日本で買う人の審査も，外国の買う人の審査も同等に上げて，なるべく排除するという議論が出てきたみたいです。

齋藤— だけど，例えば中国の資本が入ってきてますよね。相互主義という観点からすれば，法律も相互主義ですから，全くおかしいですよね。日本の土地は自由に買えるけど，われわれ中国に行って自由に買えないです。おかしいっていうか，日本の対応が悪い。

玉— その辺は，かなりおかしいっていう議論が増えてきている。ヨーロッパのことをもっぱら関根さんに振るのはどうかと思いますけど，安全保障という点で，何か向こうの動きで面白いものはありますかね。

ウクライナ戦争の影響

関根— やはりウクライナ戦争の衝撃が大きいです。EU委員会は，EUで消費される食料は基本的にEU域内で生産できているとしています。ただ一部，例えばウクライナ産の油糧用ヒマワリの種や家畜用の飼料，特にタンパク質が足りなくなるという危機感はあります。ですが，EUは単一市場でほぼ全ての品目で食料自給できているので，食料安全保障の面で直ちに危機的な状況に陥ることはないと言われてます。

　ただ，先ほどから議論になっている「Farm to Fork」，農場から食卓まで

の戦略で，ネオニコチノイド系の農薬やグリホサートという除草剤を規制していく流れにある中で，農業生産者団体からの要求でそのスケジュールを後倒しにしました。その背景には，農薬，化学肥料を減らすと生産量が落ちて足りなくなるという議論があります。[その後，2023年1月にネオニコチノイド系農薬は緊急時も使用禁止になりました。]

　ただ，世界銀行のグループが2009年に出した報告書を読むと，有機農業に切り替えても生産量は減らなくて，むしろ品目・地域横断で1.8倍ぐらいに増える，しかも，環境的なコストも減らせるという大規模な実験結果が発表されています。ですので，有機農業に切り替えたら必ず生産量が減るということではないと思います。また，栄養価の面なども総合的に考える必要があると思います。

玉──　EUは，とにかく今はエネルギーが大変なんですよね，ロシアとの絡みで。日本でも石油が来なかったら農業だってできないだろうという議論がありましたよね。だから，エネルギーと食料は，ある程度関連づけて考える必要がある。その点で，先ほどの農地のこともありますけど，やたら太陽光発電が増えて。あれで農地がかなり減らしてるじゃないですか。そんなことないですか。

木村──　全体の農地面積からすれば，まだそれほどの面積ではないと思います。先ほどから聞いていて，食料安全保障を基本法の見直しでどう考えていくべきかですが，まず今，決定的に足りないのは，氏家さんがおっしゃった肥料とか農薬の安定的な確保の視点が全然なくて，今回のウクライナ情勢等も考えれば，そこはしっかりと対応する必要がありますよね。それは食料自給率であっても，食料自給力であっても同じです，エネルギーも含めてですけれども，資材を含めた食料安全保障を考えていかなくてはならないということでしょうか。

　食料自給率はあくまで結果でしかないですし，食料自給力で示すポテンシャルにどう反映させるかも，なかなか難しい問題ですね。

玉──　学会としても，食料安全保障というテーマでの研究は，ここのところ

196

少なかったですよね。これは，そういう定量的なモデルで考える全体的な枠
組みも必要だし，あるいは，政策論的な，国際的な枠組みとの整合性という
か，安全保障の観点からの議論も必要だし。それから，消費者レベルの意識，
理解がこれからは絶対的に必要になってくる。そこで「食料主権」という概
念がどのくらい市民権を得てくるのか。あるいは，消費者がどのくらい，こ
の食料安全保障に責任ある消費行動をするのか，その辺の議論を少し進めた
いと思うのですが。

安全保障と地域

秋津―　食料安全保障を英語にするとフード・セキュリティーになるのです
が，フード・セキュリティーという概念の海外での使用法は，国家レベルで
のフード・セキュリティーだけではなくて，地域レベルとか，コミュニ
ティーレベル，家族レベル，個人レベルも含めて，いろいろなレベルのフー
ド・セキュリティーがあるという見方をしています。日本はその点，島国で
境目がわかりやすいということもあるのか，国レベルでのフード・セキュリ
ティー，安全保障というのを一番にイメージしてしまいますが，実は多段階
のレベルでのフード・セキュリティーがあるわけです。

　つい昨日，京都府のとある広域振興局の計画見直しの会議があって，そこ
では計画の柱として，「安心」と「ぬくもり」と「ゆめ実現」が3つの視点
としてあげられている。そのうち，「ゆめ実現」のところに農業が入ってい
て，どうなっているんだと（笑）。今，議論しているフード・セキュリティー，
食料安全保障の問題を考えたら，当然，「安心」の所に入れるべきでしょう。
そう言ったら，京都府の人は，食料安全保障は今まで国の話だと思っていた
という反応なんですね。府職員に限らず，多くの人たちは，そういう見方で
食料安全保障を考えている。それをどうやって地域とか，もう少し小さな範
囲に落とし込んでいくかということは，消費者の側から安全保障を考える場
合の一つの重要なポイントであり，根幹であると思います。

玉―　地域の概念が非常に大事になってくる。だから，食料安全保障は国が

ちゃんとやれみたいな，文句だけ言うふうな風潮が今まであったように思うのですけど。今のを受けて，図司さん何か。

図司—　さっきもちらっと話した国土形成計画の方の議論でも，方針の中間取りまとめがこの間出てきたんですけど，ゼロカーボンの話と，食料安全保障の話は組み込むことが明確に決まってきてます。国土形成計画も，これからブロック別に落とし込むので，今出たような地域ベースでどう考えてくるのかの話になると思います。僕も，先ほどお話しした首都圏の関係に絡んでいるので，首都圏も外との関係で，さっきの輸送の話もそうですけど，多分それなりに組み込んでくるようになるし，都市農業の位置付けもあるので，結構，流れとしてはそういう方向へ国土計画レベルも向いてきてますね。

下川—　そこはどこが中心になっていくのですか。

図司—　国交省ベースになりますけど，関連する省庁もあるので，農水省も入ってくる。

氏家—　パンデミックの間で，消費者の考えとか行動がどう変わったかというレビューをしたんですけど。結構，多くの文献で言われているのが，個々の消費者レベルで，健康とか持続可能性に対する関心が高まっている。あと，ショートサーキット。食調達を近場にするような形のニーズとかの関心が増えてるというレポートがかなりあったんです。海外ですけど。

玉—　関根さん，さっきフード・セキュリティーに関連して4点挙げてましたね。あれ，もう一回お願いできますか。

関根—　入手可能性，アクセス，利用，そして安定性です。

玉—　この安定性だけではなくて，それら全体を含めて，フード・セキュリティー。

関根—　4つの要素が実現できて，食料安全保障が成立するという考え方ですね。

「食料主権」

玉—　それと食料主権はどういう関連でしたか。

198

関根—　食料安全保障というのは，食料が足りている，4つの要素が満たされている状態を指すのに対して，食料主権は（食料への権利とも共通していますが），やはり権利概念であるという違いがあります。食料主権は，持続可能性，環境・生態系への配慮，健康，それから文化的な適切さなどの点も含みます。食料安全保障の概念も，最近はその方向を考慮する傾向もありますが，それも食料主権の議論の影響だと思います。生産者の側からも，何を作るかを選ぶ権利，そして消費者も，何を食べるかを選ぶ権利があるという，そういう考え方が食料主権です。

玉—　食料主権という概念自体は，消費者も生産者も含んだ，ある程度国みたいな単位で考えることを想定された概念なんですかね。

関根—　もともとは市民社会運動から出てきている概念で，消費者とか生産者の個人レベル，および集団・国家レベルで保障されるべきもの，実現されるべきものとして出発しています。今，例えばフランス政府などが食料主権（food sovereignty）という言葉を使うときには，国家単位で考えて「食料主権を実現しなければならない」と言われています。

秋津—　しかし，その使い方は，最初の使い方と結構，ずれてきますよね。もともとはビア・カンペシーナなどの農民運動から出てきた概念じゃないですか。

関根—　1990年代のWTOの貿易自由化交渉のときに，この食料主権という考え方がかなり市民社会側で広がってきました。というのも，日本でも起こりましたが，貿易自由化で安い輸入農産物や遺伝子組み換え作物が流入してきて，国内の生産者を離農に追い込んだり，生産者が食料を作る権利を侵害したり，食品表示が適切にされていなくて消費者の知る権利が守られなかったり，国産のものを食べたい，安全なものを食べたいという消費者の権利が実現されていないという問題意識から始まってるわけです。その意味では，現在EUなどでも，この貿易の自由化体制が問われている側面もあるように思います。例えば，EUが国境炭素税を新たに課す動きや，貿易を例外なく進める新自由主義からの脱却などがあります。ヨーロッパ諸国の首脳は，す

でに2008年の世界食料危機のときから脱新自由主義を掲げていました。日本ではようやく2021年に脱新自由主義を掲げる首相が誕生しました。そういう意味で，「農業基本法2.0」の価値観を克服しつつあるという気がします。

玉—— 反グローバリズムみたいな感じで出てきたのですかね。

関根—— はい，そうです。コロナ禍への対応で考えると，現行のWTO体制（FTA，EPA含む）は食料危機に対して適切な答えを出せていないという批判があります。国連人権理事会の食料への権利特別報告者が2020年7月に発表した中間報告で，現行のWTO体制を段階的に廃止すべきであるという提言をしました。もちろん，国際貿易を全てやめようという意味ではありませんが，人権レジームに基づく新たな国際食料協定に置き換えていこうという議論が国連では始まっています。

玉—— この脱グローバリズムという流れの中で，グローバリズムの下で退場しつつあった国家を復権する動きと併せて，地域レベルが新たな意味での結集点になりつつあると考えているのですが。

どう伝えるか？

下川—— 内容の流れとしては全然問題ないですが，伝えるという意味で2つ懸念点があります。まず，食料主権という言葉を使うのかどうか。この言葉を使うと，政策に関わる人の中でこの本を避ける人たちが一定数いるという噂も聞いているので。もし本気で政策形成に影響したいなら，別の造語を考えるべきではないでしょうか。

もう1つは，食料安全保障における「食生活の多様性」についてです。4つのうちの1つなのですが，あれは誤解されやすいなと思っています。ここでの多様性は，決して様々な国の農産物を食べられるとか，イタリアン食べられる，中華食べられるって意味ではなくて，ダイエタリー・ダイバーシティのことだと思います。つまり，果物，野菜，肉，穀物などをバランスよく食べられるという意味なんですよね。だから，「食生活の多様性」という直訳では，先ほど言った消費者の好き勝手という意味に誤解されそうなので，

そうならないようにきちんと説明する必要があると感じました。

玉―　日本にも徐々に浸透してきてはいるけど，ヨーロッパに比べると，人権とか環境とかの浸透度に差がある。

下川―　食料安全保障の4つの中で，ぜいたく品を食べられる権利とかは決して主張していないのに，英語を日本語にした途端，消費者が何でも食べたいものを食べられる権利があるように聞こえるのが，分かりにくいなと思いますね。

関根―　翻訳がとても重要だというのは，私もそのとおりだと思いますが，食料主権については，萩原さんも学会誌に掲載された論文の中で既に使われています。

下川―　学会誌は読み手が研究者という想定があって，今の話とは分けて考えた方が良いと思います。この本の読み手は誰か，そこは気を付けたほうがいいということです。

関根―　それは玉先生，いかがですか。

玉―　私は使っていいと思ってますけど。

秋津―　使わざるを得ないのではないでしょうか。ただ，私は食に関わる課題を広く対象にしているという意味で，「食料主権」ではなく「食の主権」というように，「の」を入れています。

下川―　それいいですね。食農主権ですよね。

秋津―　食の。

下川―　食の主権。食農主権かと思いました。

秋津―　食農主権だとちょっと違うかな。

下川―　食べる側も，作る側も，主権がありますよみたいな。

秋津―　いや。それでもいいかもしれない。今，初めて聞きましたけど。

玉―　食農学部って学部できてるしね（笑）。

政策論と運動論

氏家―　難しいなと，お話聞いてて思ったんですけども，食料安全保障は，

あくまで，飢えずに十分な食料にアクセスできる，そういう体制。つまり割とロジカルに，これぐらい供給をしっかり担保して，それが実現できるような政策をつくるのが大切だと思うんですけど。そこの話と，べき論というか，ある種の運動論的な話は近いっちゃ近いけれども，その議論をうまく整理しないとぼやけちゃう気がしないでもないです。どうなんですかね。

木村― おっしゃるとおりだと思いますよ。食料主権というと，資本による支配からの脱却のような，そういう思想的な対立を想起させるじゃないですか。

秋津― それを思想と言うかどうかは別にしてですね。

木村― 一方，食料安全保障っていうのは，そういう対立とはまた別次元で，国家の責務としてやらなければならない政策の話ですよね。だから，食料主権というと，一方に偏った主張を表してしまう面があるので。反対の考え方と両論ぶつけるというのはあると思うのですけどね。

玉― 食の安全保障を国家レベルの問題から，次の3.0では，消費者とか生産者はもちろん，あるいは地域の自治体とか，そういった所にとっても他人事ではなくて，自分のこととして考えてもらう。その辺のつなぎ目ですね。だから，市民の中に伝えていく上では，こういう概念が恐らく必要になっていくだろうと。

秋津― 食料安全保障と食の主権をつなぐときに，どれだけ食べるのかということと，何を食べるのかという2つの面から考える必要があります。どれだけ食べるのかはいろいろな情報が示されているわけですけど，それだけで食のセキュリティーを考えるのではなくて，どういうものを食べるのかも含めて考える。そこも含めて食料安全保障を考えると，フード・セキュリティーが食の主権というところにつながってくると考えています。

下川― ただ，そのキーワードを使わなくても，十分伝わりませんか？ 食料主権をキーワードとして使わなくても，ロジカルに食料安全保障を説明できますよね，多分。

有事対応

玉─　でも，食料安全保障っていうと，有事っていうものも想定してると思うんですよね。

齋藤─　それは日本国内での話ですよね。フードセキュリティーの概念には入ってないんで。

玉─　入ってないんですか。

齋藤─　全ての人が，いつでも必要なもの。量もそうですし，質は入ってないとおっしゃいましたけど，質も入ってます。

関根─　食料主権だけではなく，権利概念で言うと，食料への権利という概念もありますが，こちらは政治的ということはなくて，国連人権法に基づいて決められているものなので，こちらの方が盛り込みやすいのであれば，食料への権利と言ってもいいかもしれません。やはり安全保障概念と権利概念は別のものなので，基本法3.0を議論する中で，人権規範とか権利規範は重要になると思います。例えば，海外から輸入する場合でも，現地の人権に配慮したものを輸入しないといけないという流れが強まっているので，そういうことも含めて議論したらよいと思います。

玉─　それとね，有事という発想がこれから絶対必要になるのだと思うんですよ。日本近海で戦争はあり得るという想定をしなきゃいけないと思うんですよ。今度，ペロシの訪台だって何らかの軍事衝突もあり得るくらいの緊張関係に，この東アジアは置かれてるという認識を持つ必要があると思うのですね。

氏家─　僕，今も有事かなと思うんですよ。例えば，飼料が上がってるとか，オイルも上がってるとかっていう話は，常態ではないです。だから，有事というふうなものの範囲をもうちょっと広げたほうがいいのかな。疫病は多分，有事だと思いますね。

玉─　そうですね。

下川─　今が有事であることを望みますよ。ただ，元に戻らない可能性も

けっこうありますよね？　ウクライナ侵攻のせいではなくて，カーボンニュートラルなどの環境政策の影響が大きいじゃないですか。今は有事ではなくて，今後は，これが新しい平時（新ノーマル）になってしまうのかなって気がしますけどね。

フードテック

氏家━　時間もないんですけど，安全保障の話でフードテックという，ゲノム編集とか，遺伝子組み換え技術とかっていうのを，どういうふうに組み入れるべきだというふうなのは。

玉━　いや。これは大事なことなんです。さっき言ったように消費者だけじゃなくて，食産業の位置付けが絶対に必要になってくる。

氏家━　自給力が潜在力だとすると，技術革新を入れるべきだと思います。例えば今，遺伝子組み換え植物は，ほとんど栽培できないです，日本の場合。でも，ゲノム編集のものは割と栽培できる。技術を生かして，食料安全保障の改善できれば大きい。

玉━　研究開発の分野で，有機農業もかつては，試験場はできなかったのが，今研究されるようになってきている。だから，それはいろんな分野に及ぶわけですよね。ゲノム編集だけで問題解決するってわけでもないし。でもそれを生かすことも，人によって受け止め方に違いがあるのですけどね。

関根━　ゲノム編集について，日本では遺伝子組み換え（GMO）と分けて規制を行っていますが，国連のコーデックス委員会は，いずれも遺伝子操作として有機農業には認めていません。その意味では，同じ扱いになっています。EUでは，動物も植物もゲノム編集は遺伝子組み換えとして扱っています。アメリカでは，ゲノム編集した動物は遺伝子組み換えと同様に規制対象にしています。つまり，ゲノム編集したものは，外来の遺伝子を含まなくても遺伝子組み換えと同等に扱うという流れが標準です。そのなかで日本が勇み足じゃないかと心配しています。日本政府は農産物・食品の輸出を推進していますが，日本ではゲノム編集食品の届出義務がなく，安全性の審査も表

示も必要ありませんので，海外からみると全ての日本産の食品がゲノム編集かもしれないと見なされてしまう恐れがあります。もっと慎重な議論と規制が必要だと思います。

玉—　そこは，国際的な流れに合わせるにしても，どうしてもアメリカとヨーロッパで違いますよね。

萩原—　その関係で言うと，ヨーロッパの流れがあります。健康とか先ほどキーワードがありましたけども，栄養プロファイルの新しい動きがあります。ドイツやフランスの例示では，A，B，C，D，EでAが一番栄養が良いとされています。そうした国に輸出するときに，日本の加工食品がEにカテゴライズされると売れなくなる可能性があります。

秋津—　先端技術が開発されて，それを社会がどう受け入れるかといったときに，今，日本の場合は，社会とのインターフェースとなるシステムがほとんどないか，あるいはその試みがうまく機能していません。コンセンサスを求めるためのサイエンスコミュニケーションもそのひとつの方法でしょう。しかし，例えばコンピューター技術と，食べ物関連とは違うと思っています。深刻度というか，人々の巻き込まれ方という点においてです。なので，食や農業に関わる技術導入と，それが社会に波及することとの間に，技術普及をコントロールする仕組みをつくる。それも新しい基本法で考えなければならないんじゃないかと思います。

玉—　あの福島の放射能の風評絡みのところで，だいぶその辺の研究や調査もやられましたよね。その経験や蓄積を生かす必要があると思うのですが。

秋津—　あの場合は，リスクの評価やマネジメントが中心で，危険性に焦点が当たっていました。しかし，先端技術一般になると，単に危険かどうかだけではない，もう少し総合的な視点が求められる気がします。ゲノム編集による食料が危険かどうかという点も重要ですが，ちょっとまだ絵物語ながら，ゲノム編集のようなフードテックが進んで，食料が工業生産的に供給されるようになって，農業が要らなくなってしまう。あるいはスマート農業がその方向性を示しているように，人間労働を機械が全部代替してしまうと農業者

が要らなくなるとかですね。そのとき，どのようなバランスでそれらの技術を導入していけばいいのか。それは単に危険とか，リスクとか，そんな話ではないと思います。食料・原料生産業としての農業のために農村に住む人がいなくなることとも絡んでくる。そういう社会的な波及効果も総合的に考える仕組みが日本はないでしょう。EUなどには一応あると聞いています。

玉―　そういうテクノロジーと現実とのインターフェースみたいな審議会とか，そんなのあります？

木村―　大事な論点だと思います。今までは食料というモノが入ってくるかこないかという意味での食料安全保障だったのですが，そうではなくて，技術だとか，知的財産だとか，そういったものも含めて考えていく。それと生産現場で，コロナで外国から技術者が来られなくなって，搾乳ロボットが壊れたときに直せないといったことがあったのですが，そういうケースまでをも含めた安全保障の考えを取り入れていく。モノの食料だけの確保ではない，そういう捉え方をしていかなければならないということだと思います。

下川―　さきほどの農業の枠を外すという話とつながっていて，最近のフードテックの世界って工学部出身の人が多いんですよ。なので，彼らは工学的な解決策を考えるんですよ。でも，それが農学の人たちには合わないことも多い。例えば，極端な話をすると，食料生産に土は要らないとか言うんですね，工学部の人って。でも農学だと，土が食料生産の1丁目1番地なんです。今参加しているムーンショットプロジェクトは工学系の人が多いんですけど，予算を握ってるのは農水省なんです。だから，研究チームと評価チームの間に埋めがたい溝があって，あまり生産的じゃないんですよね。さっきの都市と農村の話もそうですけど，農業をもっと広く捉える意識改革が農水省に必要ではないかと思いますね。

玉―　農水省だけでなく，学会もどんどんテーマが小さくなって，安全保障のような大きなテーマに向かう研究者が少なくなってる。だから学会も意識変革をしないと。合わせて，工学系の発想もまるっきりダメと切り捨てないで，分野を越えた研究，交流が必要という月並みなまとめになりますが，と

もかくかなり突っ込んで食料安全保障の議論ができたように思うので，テーマ２はこのくらいにして，テーマ３の農村へと移ろうと思います。

５．テーマ３　農村は蘇るか

昭和一桁世代と団塊世代の違い

玉─　最後のテーマです。果たして基本法2.0の下で進行した少子高齢化，人口減少により疲弊した農村は蘇るのか。しかし，近年は若い世代の田園回帰など，新たな動きも出てきた。2020年の基本計画にも変化が見られた。それにコロナの流行，はたまたロシア・ウクライナ戦争と時代環境が大きく動いている。それらを踏まえて，3.0の課題について，まずは図司さんからお願いします。

図司─　2020年の基本計画では，担い手として専業，規模拡大ばかりを志向する産業政策と，高齢化と人口減少が進む農村コミュニティの持続性を考えようとする地域政策のバランスの悪さ，いわゆる「車の両輪」の立て直しが大きな焦点になりました。それに対して，担い手としては，中小規模の経営体や，半農半Xのように多業・副業で農に関わる主体も視野に入れて，地域資源を活かして新たな事業を生み出す「農山漁村発イノベーション」というキーワードも掲げられました。その受け皿となるように，「農的関係人口」を増やしていくことや，農地保全にも関わるような地域運営組織（農村RMO）の立ち上げも目指されています。

　国土計画の方でも，国土管理構想の議論では，何とか農地を残していく話に限らず，無理なところはうまく山に戻しながら，手を入れていくという発想も出ています。その意味で，農村の持続性の面も含めて，かなり広範に捉えていく地域政策の総合化が焦点となっていて，多分，それをもう一度，基本法の中にどう組み戻していくかが，3.0の農村政策の基本になると思います。

玉─　2000年代に入って最初の10年と，特に最近の５年との違いについて秋津さんはどう見てますか。

秋津—　１つ目は，よくいわれているように，とくに過疎農山村の場合に人口減少のプロセスのなかで社会を支えてきた世代があるわけです。つまり，昭和１桁世代ですね。その世代が今，80歳代後半から90歳代になります。ほとんど人生そのものを終わろうとされているわけで，さすがにパワーが失われています。この間の経緯をみていると，その世代が本当に力を失ってきたのが，2010年以降ではないかと思います。そこが境目です。その世代が70歳代ぐらいまでは，まだ力がありました。それが最近の５年ではなくなってしまった。その次の世代を人口ピラミッドで見ると，過疎地域においてたしかに団塊の世代はそれなりにいます。

玉—　定年帰農で。

秋津—　帰農するかどうかは別にしても，帰ってきた人が団塊世代の数を増やしていることはみられます。しかし，数はそれなりにいても，地域を支える根性というか責任感が違うように見えます。昭和１桁世代は，みんなが故郷を出ていく中で，結果的にではあれ残った世代なので，自分たちで社会を守ってきたという誇りやプライドが強かった。それに比べて団塊の世代は，一度出郷した人も多いし，責任感をもって支える意識が弱くて，たとえば地域の伝統行事の継続についても，それほど思い入れが強くないという事例を知っています。むしろ新しく来住した人の方が，こんな文化があるんだと伝統行事を復活させたりする。そのような背景で，2010年ぐらいを境目にして，とくに過疎農山村が質的に変化してきていると感じています。それを越えた現在は，多様化したステークホルダーが農山村をどのようにつくっていくかが課題となり，農村のガバナンスの在り方が変わってきている感じがします。

玉—　変えなきゃいけないっていう話？　変えないともたない？

秋津—　変えないともたないというか，もう変わらざるを得ないということになるでしょうか。たとえば，移住者が意志決定に参加できるような体制とか，雰囲気とか。

玉—　仕組みみたいな。

秋津—　仕組みほどきちんとしてなくても，そういう雰囲気になってきたの

は大きな変化かなと思います。ただそのときに，移住者であるかどうかにかかわらず，住民たちでその地に暮らす十分な人数が確保できるかという大問題はもちろんあります。もう住み続けるのが無理なところは無理にしようやみたいな意見はずっとありながらも，実際にはなかなか無理になってしまわないというか，住み続けている。もう集落がなくなってしまうかなと思ったら，誰か来たり，帰ってきたりする場合もある。だから，意外と続いているという現実もあります。

ガバナンスとマネジメント

玉―　萩原さんは，前に内閣府で規制緩和の絡みで農村と関係してましたよね。

萩原―　以前，内閣府地方分権改革推進室に勤務しておりました。内閣府では，農業を中心としたアプローチではなく，旧自治省的なアプローチとして，子育てや保育所などの生活インフラなども含めて農村を捉えておりました。役場では，1人の担当者が農業だけでなく，他の分野も担当していることもあります。つまり，地方分権によって権限が地方自治体に譲渡されると，その権限を行使する人材がいるのかという問題にもなります。多くの農村では，農業も当然，生業（なりわい）として重視されておりましたが，福祉など生活に関連したことがより関心高かったと思います。

玉―　さっき秋津さんがガバナンスって言ってましたけど，前はマネジメントとよくいわれましたよね。地域マネジメントとか。そこは違うイメージですか。

秋津―　私のイメージでいうと，マネジメントは誰がマネジするかという主体がはっきりしている。ガバナンスになると，もっと多様な人たち，ステークホルダーが参加しながら農村を作り上げていく。その中にはもちろん政府も入るし，地域の自治体も入る。さらに，親が住んでいるなどの理由からその農村の関係人口となる人も入るかもしれない。そういういろいろな関わりを持っている人たちや主体によって農村が総合的かつ統合的に作り上げられ

ていくことが，農村ガバナンスといえるかと思います。その中で，ガバナンスの有り様を変えていく必要があると思うし，実際，変わりつつあるかなと思っています。それについて，どのように農村づくりの支援者が関わるのか，その方向性にポイントがあるのじゃないかと思います。

木村—— 今の基本法の下で，弱っていくコミュニティーをどうするかという議論がある中で，まだコミュニティーの力が残っているから，ある程度のガバナンスが地域で効いて，それを使って色々な政策を進めたり，農村の取り組みが行われてきたわけですよね。だけどもうその力もかなり弱ってきているのが直近の現状だと思います。これから先を考えたときに，このコミュニティーベースの考え方をこれからも維持するのか，それとも新しい組織を考えていくのか。今，農水省も地域マネジメント組織の活動を推進していますが，従来のコミュニティーとは別の組織をつくって，それに代替していくということがあるのか。それとも，もう個人の対応を基本にしてしまうというのもあり得るのではないか。転作でも最近では，従来の転作集団を解散して個人で飼料用米を作るといった動きが増えています。その意味で，地域政策の基底の部分の変化を捉えて，これから30年ぐらい先のどのような未来を見据えていくのか，そこからバックキャスティングしていくのですが，私自身もまだ将来の農村のイメージができていません。そのあたりは，いかがでしょうか。

玉—— その議論はずっと昔からある議論で，集落，家はもう終わるから，もっと機能的なプロジェクト型の組織に代替すべきだという。梶井さんが典型だったんですけど。結果的には，これまでは結局，集落でやってきた。それも確かにもう無理かもしれないという段階にきてるのか。なので個人なのか，機能集団なのか，それとも昔の関係をもう一度復活させるのか，当然，議論が必要になってくる。

農村の隙間

下川—— 農村って誰のためのものか？という話になってきますよね。結局，

そこを決めないと，バックキャスティングのゴールも定まらないですよね。でも，先ほどから言われているように，都市の人を含めた政策を考えないと難しいですよね。ちなみに，さきほど消えそうなコミュニティーに来る人がいるって話あったじゃないですか。あれはたまたま来たんですか。それとも何らかの優遇政策をやったから来てくれたのですか。

秋津——　必ずしも優遇政策によるのではなく，そういうところを選ぶ人がいるということです。少ないところがいいんでしょうね。

図司——　おそらく，人口が少なくなって集落機能が弱まってきたことがマイナスの要素に必ずしもなってないんです。

下川——　むしろプラスになっているわけですよね，そういう人にとっては。

図司——　移住して現地にうまく馴染んでいるメンバーに聞くと，「隙間ができている」と表現をしています。微妙な言い方ですけど。ある意味，集落のポテンシャルというかパワーが落ちてきている。集落がきっちり頑張ろうとすると隙間がないので，移住者ははね返される。だから，集落が弱ってきてると，いい意味で「誰が来てもいいよ」みたいな感じが生まれている。

玉——　そこで頼りにされる。出番がある。

図司——　そうです。そこで移住者と地域の組み合わせが良ければ，馴染んでいきながら，そこで技や知恵が伝承されるとか，支える形になってくる。

秋津——　今ではもう隙間がすかすかですよね。私は90年代の初期から，ずっと農山村移住の話も細々ながらいろいろなところで聞いてきました。それ以前の70年代だとかなり地元からの反発があったようですが，90年代になるとそれももう昔の話となって，ゆるんで隙間ができてくる。今はもう，本当にすかすか状態ですね。

玉——　空き家だっていっぱいあるし。

秋津——　空き家は住人とまた別で動きがあります。最近の研究会で空き家問題も取り上げられていましたが，空き家はあっても貸さないところがたくさんある。貸すところもあるので，地域差も大きいという印象です。

玉——　移住者にとって住む所があるのはすごく大きい。だから，町営住宅と

211

かも空いてるとこ多いじゃないですか。

秋津―　でも，移住したい人の希望として，町営住宅などにはあまり住みたくないようです。

萩原―　役場がある場所の近くに居住者が集まっているということはないでしょうか。

図司―　ありますよ。山を下りるという動きで。それは移住者のことですか。

萩原―　移住者ではなく，そうした地域に居住している者の方です。

図司―　世帯分離の形で，親は山に残ってるけど，息子は町場に下りるという感じ。

萩原―　国土交通省に出向した際，他の課ですが，郊外への拡大を抑制し，中心市街に居住者を集めるコンパクトシティを推奨していました。農村ではコンパクトビレッジになると思います。

図司―　そこが今度の国土形成計画でも議論になるかもしれないですね。

秋津―　それって，うまくいってました？

萩原―　全体的にはそれほど進んでいなかったような記憶があります。

下川―　うまくいった例を聞いたことがないです。

萩原―　コンパクトシティについては，富山市が成功事例として取り上げられていました。

人口減少の捉え方

関根―　私からもよろしいでしょうか。私は，第一に，女性の動向がたいへん重要だと思っています。女性が就農したり，農村・地方に移住したりするケースが近年増えているのではないでしょうか。2015年と2020年の国勢調査の結果を比較すると，全国の過疎自治体800あまりのうち，1割で転入超過，4割で30代の女性の数が増加しています。それから2019年と2020年の比較では，自営農業を始める人は全体で6パーセント減少していますが，女性は7パーセント増加しました。それから新規で，農業部門で雇用された人は全体で1パーセント増加，女性は12パーセント増加です。（消滅可能性自治体を

リスト化した）「増田レポート」に対しては批判もありましたが，女性，特に若い女性の動向を捉えたという点では重要な指摘をしたと思います。やはり地方で子育てができる環境を整えていくことが大切です。フォアキャストで考えて，現状の人口減少や高齢化から未来をあらかじめ想定するのではなくて，バックキャストで考えるのであれば，逆にそうではない理想の形を描いた上で，そこに向かうためにどうすべきか，もう一度，議論する必要があると思いました。

　第二に，みどりの食料システム戦略等で有機農業を導入する自治体に対して農水省が補助金を出してくれたおかげで，若い方，30代前半の新規就農者が増えている自治体が出てきています。長野県松川町では，有機給食の導入を公約に掲げた市長が当選して，実際に有機給食を始めたところ，30代前半の方など3人が有機農業を始めたそうです。「農業の担い手は高齢化する」「地方は人が少なくなる」という発想から抜け出すことが必要です。農業会議所の調査によると，いま慣行農業を営んでいる方の半数は有機農業に切り替えたいという希望を持っています。それから，新規就農者の9割が「有機農業をやりたい」「有機農業をやる」というデータも出ています。やはり，政策を変えて魅力的な農業，社会に要請されている農業，農村にしていくことで問題解決がはかられるのではないでしょうか。

　第三に，ガバナンス（統治）に誰が参加するのか，その参加の方法も大事ですが，同時にアカウンタビリティー，説明責任も求められます。どういう政策をどう決定して実行したのか，常に説明責任が求められますし，そこに社会的な正当性が成り立つか否かでガバナンスの有効性も判断されるのではないかと思います。

木村―　今，関根さんがおっしゃった人口減少とか高齢化というのは非常に重要なファクターだと思うし，基本法の見直しのキーワードになると思います。今の基本法はまだ人口が増加局面にある時に制定されたものですし，農村をもっと発展させていくことが人口の面でも可能だと思われていた時期だった。それが人口減少に転じて，今度，基本法をどう見直すのかとなった

ときに，今おっしゃったような農村活性化をもちろんやっていくべきだし，われわれもそれを応援していくべきとは思うのですが，すべての農村でそれを実践できると考えるのは現実的ではない。議論のため申し上げると，例えばもう集落を閉鎖するとか，使われない施設を減らしていくとか，そういう話も合わせてしないと，結局，農村政策に関しては，今の基本法と同じことを掲げるだけになるのではないかという感じもします。

下川―　今，木村さんが言ったことこそ，ガバナンスだと思うんです。ケースや状況に応じて戦略や戦術を立てたり変えたりする。その準備をするのがガバナンスだと思います。

玉―　一時，「撤退の農村計画」(1)といった議論もありましたよね。

木村―　都市から農村に来る人は，もっと出てくると思います。ただすべての農村に来るのではなく，社会的なインフラが揃っているといった条件が満たされたところには来るのだと思います。だんだん人口が減ってくると，そういう条件も満たせなくなる地域も出てくるだろうし，30年先を考えるのであれば，人が来ない農村のことも考えていかなければならないと思います。

玉―　ただ，移住をしようとする人は大体，有機農業を志向するのは，もう間違いない傾向なので，その辺りであんまり決めつけない。可能性を広げていく。

木村―　人口減少はもう確実に進んでいきます。高齢化もさらに進んでいく。

税金の使い方と公共的視点

秋津―　しかし，人口減少の一番の元凶は都市で，都市の人が結婚しないので，子どもが増えないというか人が増えない。田舎に行くと皆，子どもつくるように見えます。だから既に減っているところについて，このままの傾向で減ってしまうという予想は必ずしも正しい予想とはいえない。たとえば，1世帯入れば，人がわっと増えることになるという地区も可能性として十分

（1）林直樹・齋藤晋編（2010）『撤退の農村計画』学芸出版社

に考えられます。

玉━　「移住1％戦略」⁽²⁾というのもあったよね。

秋津━　そう。だから急に限界集落じゃなくなるんです。もともとの若者が少ないだけでなく，高齢者も多くないので，すこし若年層が増えると集落の人数の半分を超えてしまう。そういうこともあり得るので，関根さんがおっしゃったように，未来を見越した魅力的な地域づくり，とくに外から入ってくる人に対して魅力的な地域づくりが求められていると思います。例えば，先ほども関心が高いとされた有機農業についていうと，就農支援だけではなくて，売り先という出口があることが重要になります。そのときに，学校給食用として公共調達で買ってくれるという支援があると，入ってきやすくなります。そういう意向を持っている人は，そんなに少なくないと思います。そういう意向の人たちをできる限り取り込んでいかないと，有機農業を面積比で25パーセントという『みどりの食料システム戦略』が掲げた2050年の目標は，達成できないのではないでしょうか。

木村━　でも結局は，それを支えるために国民の税金を投入しなければならないということなんでしょうか。

秋津━　それが先ほどの話とつながっていて，農村をどういうものとしてつくるかという，ガバナンスの問題になります。都市化しつつある社会の中で農村というものをどういうものとして，公共的視点を含めながら考えるのか。そうしたときに，どういう税金の使い方をするのか。その議論は必要だろうと思います。

玉━　それと，働き方が変わる大きなトレンドもあると思うんです。その点でいうと今度の基本計画は半農半Xとか，農業経営まで至らないけども農村暮らしの人も支援する方針が出てきました。それと3.0の段階では，外に出ていた製造業が国内回帰するのは，安全保障からも間違いないと思うので。その点，道路インフラは日本は整備がある程度進んで，通勤圏に工場が出て

（2）藤山浩（2015）『田園回帰1％戦略』農文協

くると農村に新しい条件が広がる気がしてんですけど。

下川——　さきほど，限界集落に1世帯入って，限界集落じゃなくなる。これがいいことなのか，悪いことなのかを判断する価値基準が，曖昧なんですよね。費用対効果で考えるとしたときに，費用は割とはっきりしていても，効果を何で測るかが本当に曖昧です。最近の流れでいうと，食の安全保障とかが一番分かりやすい効果というか，そういう集落でも農業を続けてもらわないと困るという話になっていく気はしています。

「多面的機能」

玉——　でも，国土保全もあるから。

図司——　多分，その辺も含めて国土管理の形になってくると思うのです。そこに人が住んで，アクセス道がそれなりに整備されていることは，一方で，山奥での災害発生への対応にもプラスに働いていると思うんです。山に関しても，人が住んでいたところは，一度は手を入れているので，そのままほっとくわけにいかない。ある程度，広葉樹植えていくとか，あるいは畑地の所も土砂が流れ出さないように手を入れてくとか考えると，それこそ個人の財産や所有権をどうするかという話も出てくるわけです。それをすべて国で管理していくとしたら，コストはべらぼうにかかると思うんです。ある意味，今，暮らしている人がボランタリーに手を入れているので，何とかなっているところもある。その部分が実は隠れてしまっているわけです。だから，その作業をきちんと積み上げたときに，果たしてコストがどれだけかかっているかというのは，大事な論点なんです。このことは，水害のことを考えると，下流の都市部に関しても他人事ではなくなってくる。そういう意味でも都市農村交流を含めて，農村だけの問題にとどめないで，幅広い理解も必要だし，現実を知ってもらうことも大事かなと思います。

木村——　今の基本法で多面的機能が大事だと言ってきたじゃないですか。多面的機能を守るために農村を維持していかなければならないと。それを今後も同じように言っていけるのかということです。

216

図司──　多面的機能って言葉が分かるようで分からない。

木村──　先ほどの災害が多発するのではないかというのも，どこの地域のことをイメージして言っているのか，人によって全然違います。そこは今までのように多面的機能で全てを語ろうとするのではなくて，もう少し現在の社会経済の変化に適応させた新たな農村政策の考え方があっても良いのではないかと思います。都市の機能を集約したコンパクトシティの農村版のような議論があってもいいんじゃないかな。

図司──　農村に「小さな拠点」を作っていく，みたいな話はあるんです。ただそれはコンパクトシティの発想とはちょっと違って，集落移転のような話に結びつけるのは早急で，さっきの人権の話で，そこに住む権利，居住地選択の権利もあるので。撤退みたいな話も議論の趣旨として分かるんですけども，それこそ家の相続をどうする，という話になる前に，集落全体のことを将来に向けて手当てしていくのは難しい。現に，それぞれの集落で考えるべき局面にあるのは間違いない。集落の話でも，年を取るとけがや病気のように，事情がどんどん家ごとに個別化していくので，そこが難しくて。それを地域全体でまとまって相談できるならば，移住者の受け入れをどうする，とか前向きな話もいけるんだけれども。集落でそんな話をすることが難しくなってるところが一番，問題として大きいんです。特に土地や家屋は，家の財産の話になってくる。だから中山間地域直接支払いの話でも，今，農村RMO[3] の立ち上げへの道筋に向けた加算措置もあるのですが，そのハードルが高くなっている。そこは，さっきの他の省庁のいろんな事業だったり，集落とは別の組織に働きかけたり，関係人口で新たな人のつながりを生み出して，そこに農地の話をどう組み合わせ直すのか，という問題が現場で生じているんです。

木村──　ハードルっていうのは何のハードルですか？

図司──　家の財産をどうするかというハードル。相続する相手が身内の外側

（3）農文協編（2018）『むらの困りごと解決隊　実践に学ぶ地域運営組織』農文協

にいるか，いないかである程度決まるのですが，空き家の話でも，その農地の話を地域で受け皿をつくって，移住者を受け入れる形にするためには，家の財産の問題を解決する必要がある。そこのところが，「どうせ，うちは誰も帰ってこないし。もう無理だわ」って，農地を荒らしてしまう。結局，農地も使えない，空き家も朽ちるって話で，次につなげないという問題がある。

玉— その後継者がいないのは優良農家でもそうなんです。経営的にはかなりの収益を上げているのに跡継ぎがいない農家がいっぱいある。果樹農家なんかでも。だから，そういう経営に対して，「継業」って図司さんも本[4]で書いてますけど，中小企業の事業の引き継ぎ支援みたいなことも，農業で考えていくべきだと思います。

関根— 多面的機能の話が出たので，EUの話を少ししたいと思います。EUと日本は，1990年代頃にGATTやWTO協定で「多面的機能フレンズ」を組んで国際交渉にあたっていました。その頃は，EUでも多面的機能，Multi Functionalityという言葉が行政でも使われたし，それから研究論文もかなり出ていましたが，今は当時に比べてあまり使われていません。ただ，概念として古くなったとか，必要なくなったということではなくて，多面的機能の議論が農村地域の持続可能性，それから生物多様性，気候危機対策の文脈で議論される場面が増えてきたということだと思います。こうした背景があって，政府による市場介入や財政出動が正当化されています。その意味で，日本の「基本法の3.0」に多面的機能とか多面的価値を入れることは，私はむしろ積極的意味があると思います。

「基本法2.0」と何が変わったかというと，EUでは「多面的機能」というより「持続可能性」という言葉に集約されつつあるのではないかと思います。他には，先ほどの災害の話もありましたが，国土保全，生物多様性の維持，それから景観や文化—日本ではEUに比べるとあまり重視されていないですが—などが大変重視されています。規模の大小問わず，農家が地方，特に条

（4）図司直也（2019）『就村からなりわい就農へ』筑波書房

件不利地域に存在していることで，それらの価値が守られているという意味
で，農家のことを国土や農村地域の守護者（ガーディアン，カストーディア
ン，スチュワードシップ等）という言葉で表現しています。なので，多面的
機能という言葉，表現をどうするかはありますが，内容としては決して古く
なってはいないと思います。

「アグロエコロジー」

玉―　これが農村派と都市派の間でもめるテーマなんですよ。でも機能って
いうとね，結局，都市の消費者に理解してもらうために，あなたがたの便益
にもなってるという意味合いが強く出るように思う。もうちょっと意味とか
価値とかを付け加えて，これからも農村政策の中に位置づけてくことが必要
だと，今，関根さんの話を聞いて思いました。国土保全は機能としてわかり
やすいですが，景観とか文化とかを含めて，「ふるさと」みたいな価値をね。

下川―　それでいうと，最近の新しい価値は，二酸化炭素貯蔵機能ですよね。
アメリカでは，CO_2取引権を農家が売るんですね。そのときに農地なら何で
もいいわけではなくて，きちんと環境に配慮した，例えば有機栽培のような，
そういう農法をやると農地はより多くのCO_2を貯蔵して，その分のCO_2取引
権を売れるようになる。ただ，アメリカの大規模農家だったらいいんですけ
ど，日本の平均的な小規模農家だと2ヘクタールで年間3,000円ぐらいの儲
けにしかならないんです。なので，小規模農家にとってはあまり経済的メ
リットはないのですが，首都圏だけでも，そういうフレームワークができた
ら面白いかなとは思ってるんです。

木村―　洪水防止の機能とかも，基本的に水田であることが前提なわけです
よね。でも実際はもはや水田でなくなっているところもある。特に中山間地
域などは，そういう水田が多くある。

玉―　そこでアグロエコロジーという言葉は，生態系なのでね。水田の洪水
防止よりも広い生物多様性とか含めた意味合いが出る。その点，関根さん，
どうですか。

関根——　アグロエコロジーについて，2018年にFAOが発表しているアグロエコロジーの10要素をご紹介したいと思います。地域の持続性とか農村の暮らしにも関わりが深いので読み上げると，1つ目が多様性。2つ目が知の共同創造と共有。3番目が相乗効果。4番目が資源・エネルギー効率性。5番目が循環。6番目がレジリエンス（回復力や弾力性と訳される）。7番目が人間と社会の価値ということで，ここに農村の暮らし，公平性，福祉の改善等が入っています。8番目が文化と食の伝統。9番目が責任ある統治（ガバナンス）。そして10番目が循環経済，連帯経済になっています。このように，従来の環境保全型農業にとどまらない多様な要素が入っています。既に本や文献もたくさん出ていて，私自身もアグロエコロジーについて執筆したり講演したりしています。日本語の適訳があればいいのですが，今のところ，あえてカタカナで「アグロエコロジー」と言っているのは，こういう豊かな内容を伝えるためだと思います。なので，ほぼ持続可能性と同義のあるべき姿であることをぜひ知ってもらいたいと思っています。

下川——　でも，言葉だけでは分かりにくいですよね。あまりにもたくさんの情報が盛り込まれていて。よほど詳しく説明してもらわないと，専門家でも良くわからないです。

玉——　非常に広がりがある概念で。エコロジーという生態系に加えて，さらに社会経済的な側面も取りこんでいることがポイントなんでしょうね。その中には，人権といった発想も含まれているところが新しくて分かりにくいところなのかもしれない。

木村——　私は都市派でもありませんが（笑），多面的機能が発揮される農業，農村は価値があるから守らなければならない。その前提は，農村には美しい水田風景が広がっていてという30年前に考えた我々の理想であって，それが今，現実にどうなってるのかをきちんと評価して，次のことを考えなければならないと思います。そうすることなく，今のまま基本法の見直しを進めるというのは，これはバックキャスティング以前の問題ではないかと思います。環境の面でいえば，人が住むより植林したほうが二酸化炭素吸収源になると

いうことも言えるし，そういうことも含めて，将来の農村をどう考えていく
かという議論を深めていかなければならないと思います。

私的土地所有権

図司――　それで山の話をちゃんと絡めないといけない。中山間直接支払いの
第三者委員会でもその意見は委員の皆さんからかなり出ています。なかなか
農水省の立場では，やりにくいとは思うんです。農地減らす話になるので。
ただ農地を減らしても，その跡を何もしなくていい，という話にならないの
で。すでに，新しい農村政策の検討会でも議論に出てきているので，今後そ
こは焦点になるんじゃないですか。

秋津――　それは，結局，土地の私的所有権の制限と関連していますね。先ほ
どの中国が日本の土地を買いに来るとか，そういうことも含めて，日本はき
わめて私的所有権が強いですよね。それゆえに公共性からの働きかけが行い
にくくなっている。そもそも土地は自然の一部であるという基本事実に立ち
返って，公共性を今後30年，いや100年ぐらいのスパンで土地所有に注入し
て，私的所有を制限していくことが必要と思います。そのような性質をもつ
土地を私的に思いどおりにしてしまうこと自体がシステムとして問題がある
のではないかと思います。農村についていうと，公共性とは一体何かを議論
して，それを踏まえた上で，この部分は維持してサポートしましょう，ここ
は森林に返しましょうというような判断が可能となる体制を考える段階では
ないでしょうか。

玉――　その議論も昔からあるんです。私的所有権に問題の根源を求める主張
は，農地改革評価と関連してあるんですけど，でも，土地の所有にも集落と
の兼ね合いで一定の制約もあったのも日本農業の特徴であって，それで代々，
続いてきたって側面も踏まえて，やはり地域的な合意の仕組みをつくってい
く方向なんじゃないかと思うのですが。

秋津――　地域的な合意だけでは，国家的な補助を受けるときの正当性の問題
も出てくるし，もはや公共性を地域の中だけで回したらいいという段階でも

ない。田舎はもう地域で回しようがないからこそ，このような議論をしているわけで，もう少し高いレベルでの公共性のようなものを議論しないと，そこにお金を投入できないような気がします。

玉— 歴史的に言うと，経済更生運動ってやったときは，もう地域全体，だから学校まで入ってるんですよ。全体で，地域の産業，それから生活を含めた農村振興計画を立てる。それはやったとこ，やらないとこ，様々だったんだけど，さっきのガバナンスの例のように，さまざまなアクターが入って考える仕組みを国が政策として後押ししていく。ある程度の方向性も示して。

木村— そうです。ずっと続いてきている先ほどの転作助成金や中山間地域直接支払いなど，今行っている政策の継続だけでは何も変わらないですよね。これをどう変えていくか，今行っている政策を見直して，こういう新しい方向に対して支援を行いますよという仕掛けをどんどんしていかないと駄目だと思います。政策の見直しは困難が伴いますが，農水省も覚悟を持ってやらなければならないと思います。

図司— だからそこに一歩踏み出すプロセスのところに，バックアップする支援が，多分すごく大事なのだと思いますね。

木村— 既得権益化していると，なかなか止めるのが難しい。

秋津— そのためには，地域の意志決定システムを変えていくことが目指されるべきと思います。今のままでは，そういう新しいところに目が届かない。しかし，最初にお話ししたように，外からの移住者のなかには新しい地域づくりに意識のある人もいるので，そういう人が意志決定に参加できるような仕組みづくりを支援するような農村政策も必要かなと感じています。

農村のリーダー

萩原— お伺いしたいのですが，地域の意思決定システムという点で成功してる事例はありますか。

図司— それこそ，役場の行政担当能力が人員削減もあってどうしても落ちているので，そこばかりに期待しきれない。逆にいうと中間支援のNPOだっ

222

たり，移住者の人たちが少し手掛けていったりとか，あと県のレベルで結構
そこを意識しているところもある。高知県は，県の職員が現場に張り付いて，
市町村職員と一緒に動いてる。宮崎県もそうです。道州制で，県はいらない
いって議論もありますが，むしろ，今こそ県の出番だと，末端の市町村と一
緒になって動いているところは，地域の変化も生まれていると思います。あ
とは，産業政策にとどまらない話なので，先ほどの話みたいに，他の部署と
繋がって横展開で，現場の課題の共有を意識する役場も動きがあると思いま
す。

下川―　普及員って，そういう働きしないんですか。

図司―　普及員はかつては職員だったんですけど，結局，必置義務がなく
なって，しかも生産のほうだけで，生活改善がなくなったので。

玉―　あれは大きなマイナスでしたよね。

図司―　だから，農村の現場の情報が上がってこなくなったんです。本来で
あれば，地域おこし協力隊や集落支援員とかをサポートして動かすのが普及
員さんの役割だったと思いますけど。だからそういう意味では大事なところ
を，農水省が手放してしまったところもあった。

下川―　手放しちゃったんですか……。

図司―　普及員を置いている県もありますけど。なかなか，暮らしとか集落
のことまで，洗いざらいフォローしているところまでは行き届かないですね。
人も少なくなって。

秋津―　先ほどのご質問について２つ例をあげます。しかし，それは仕組み
にまで至った例ではなくて，個人プレー，つまり，その人がいるから成功し
たんじゃないかという例かもしれません。１つは私の田舎の例で，大阪大学
で都市計画を専攻していた学生が，コロナ禍で４年生から実家に帰って，そ
のまま卒業後も出身地で地域づくり活動をしている。卒論も自分の出身地の
地域づくりがテーマのようでした。卒業したてで若いんですけど，Uターン
であるという強みがあります。Uターンといっても出ていたのは大学時代の
３年間だけですが。ともかく，既に萌芽としてあった地域のステークホル

ダーたちを集めて，いろいろな地域づくり活動をしています。しかも彼は，都市計画専攻なので，こういうゾーニングにしましょうなどのプランが書ける。このような立場と能力を持った人が中心に存在している場合にうまくいく。

　もう1例には今年の3月に訪問しました。甑島という鹿児島県の西の海上にある島で，島おこしの取り組みです。その島をベースにして会社をつくって，今では多様な事業を展開しています。再度インタビューして記事にもなっています(5)。発想が素晴らしいというか，豊かな地域デザイン力を感じます。大学は現在では京都芸術大学と名前を変えた大学の出身で，かつての自分が経験したような島をなくしたくないという強い思いから，自分の島に帰っていろいろな事業を始めます。最初は農業から始めて，次に豆腐製造業と宿泊業を開始する。それでコロナ禍においては，地元民が利用できるようなパン屋と居酒屋も開業する。今は，鹿児島県の他の島とも連携をしながら事業を広げています。そこには若い人たちが集まってきています。その島の出身者も帰ってきますが，移住者も多く，大体は九州内から移住しているようです。従業員の平均は30歳代で，そういう若い世代が十数人集う会社が島おこしに従事して，少しずつ島の社会を変化させています。

玉— 昭和の模範村に選ばれてる村は，みんなリーダーがいた。だから，日本農村の性格なんでしょうね。

下川— 模範村って何ですか？

玉— 昭和恐慌の頃に，村づくりで模範的な村を選んで大日本農会とかが表彰したんですね。それが模範村。そこには必ず優れたリーダーがいた。ただ，周りも模範村のまねをして，取組が広がっていく。そういう農村リーダーが出るのは，村が危機に陥っていたからで，秋津さんの例も，危機だからこそ，

（5）「島の資源と暮らしに根ざした風景を取り戻し豊かな居場所となるコミュニティをつくる」『季刊　農業と経済』2022年夏号，200〜205頁。なお，第1例については，同誌同号，秋津元輝「重層化する農山村社会のイノベーション—『脱成長』にむけた社会編成原理の転換」で紹介している。

リーダーが出てきたのかもしれない。

地域の階層性

氏家——　その場合に，誰が，農村の管理とかマネジメントをやるのがいいのか。自治体なのか。もっとローカルな組織なのかという疑問があって。自治体も人が減ってるという話もあり，集落も若い人はいない。その意味で，誰が役割を担うのか，誰に期待すればいいのか。どうなんですかね。

玉——　その場合，地域は，まとまり結束できる地理的範囲なんだけど，それには重層性があると私は考えていて，自治体もあるけど，その下にある集落とか町内会とかもあるし，県にも県の役割がある。恐らく，単独のどこかが責任を持つのじゃなくて，重層性の中で考える必要があると思うんです。

図司——　農村地域に階層性はあると思うんです。今まで農政は必ず集落ベースで施策を進めてきたと思うんです。だから中山間地域直接支払いも集落単位で進めてきた。でも多分，集落ありきでは難しいところも出てきている。だから，空間的に広げて，人的なつながりのある小学校区のように，その単位にマンパワーを寄せながら，マネジメントを担う場を作る地域運営組織のようなケースも出てきてますね。そこは地域の事情によって様々で，ある意味，基礎自治体で足りないところを広域なところでサポートする感じになるのでは。ただ，トップダウンで事業を動かすだけでは，現場とミスマッチも生じるので，まとまりの単位をどう馴染ませるのかが大事ですね。

秋津——　その場合，平成の大合併で基礎自治体が大きくなりすぎて，それまではある程度，条件が似ていたので，集落を対象にして全体に当てはまる政策が可能でしたが，それが新しく広域化した市では，以前の旧町村が企画してきた政策を取り上げてくれない。結果的に，地域政策の継続性が失われているという話が至る所にあります。となると，やはり旧村あたりを単位と考えるのがいいのかもしれません。

玉——　最後まで，課題，課題の連発になってしまいましたが，議論すべき論点はかなり議論できたように思います。基本法3.0を考えるとき，国土保全

225

は最重要な課題となる。それに対して，農村は危機的な状況にある。しかし，新しい動きも芽生えていて，まさに農村政策の出番とも言える。しかし，今までの継続ではなく，その見直しが前提になる。その場合に，議論となったアグロエコロジーを含めた持続性の観点からのバックキャスティングが重要となることを確認して終わりにします。長時間の討論，お疲れ様でした。

（了）

あとがき
「学会と行政は連携し、日本農業の発展に貢献を」
木村　崇之

　本書をここまで読み進めていただいた方の中には，この本は，いったいどんな主義・主張なのか分からないという感想をお持ちの方もいるのではないでしょうか。

　そう思われても仕方ありません。というのも，本書は，農政はこうあるべきだという特定の主義・主張に基づいて編集されたものではないからです。編者や著者の顔ぶれを見ても，どうして共著しているのか理解できないと同じ業界の方々は思われるかもしれません。

　このような編集方針になったのは，本書が行政と学会との連携を深めようという目的で，日本農業経済学会（以下「学会」という。）に設置された「連携委員会」での議論がベースになっているからです。連携委員会には，政策研究に関心のある研究者と行政官が共に参加しています。学会でも前例のない取組です。

　どうしてこのような連携の取組が生まれたのか，本書の刊行にいたるまでの経緯を少し振り返っておきたいと思います。

　今から約10年前，当時，学会会長でおられた生源寺眞一先生と農林水産省の幹部との会食があり，その時に，学会と行政はもっと連携が必要ではないかといったことが話題になりました。自分もその場に同席していたのですが，当時は農水省から大学院に一時的に戻り，院生として学究生活を送っていた時期で，学会での蓄積を霞ヶ関での政策立案に十分に活かせないものかと思っていた自分は，まさに我が意を得たりという思いで先輩方の話を聞いていました。

　学会と行政の連携は，次に学会会長となった盛田清秀先生に引き継がれ，具体化が進められました。週末に有志で勉強会を開催したり，学会の先生方に農水省までお越しいただき，意見交換を行いました。その時に参加してい

たのが，本書の共同編者である玉・草苅両先生です。2016年には，盛田会長主導で前述の「連携委員会」が正式に設置され，行政官からは自分や本書の執筆者の一人である萩原英樹氏が会長指名理事として任命されました。

　その後，草苅仁先生が会長になられた2019年には，連携委員会の委員が中心となって，「新基本法制定からの20年，これからの20年」というテーマで大会シンポジウムが開催されました（『農業経済研究』91 (2)，2019所収）。現在，政府で食料・農業・農村基本法の検証作業が進められていますが，それが開始されるかなり前の段階から，学会で基本法の検証をしようという動きが出ていたのです。

　そして，続く2020年には，前年のシンポジウムを発展させる形で「食料・農業・農村の多面的価値と市場経済—2040年を見据えたビジョンの構築」というテーマで大会シンポジウムの準備が進められていましたが，コロナ禍の影響で大会自体が中止となってしまいました。

　それから暫くは，コロナの影響で活動の休止を余儀なくされましたが，2023年の大会では，玉先生の主導で，2021年シンポジウムの構想をベースとした特別シンポジウム「農業基本法は2.0から3.0へ—バックキャスティングによる課題の明確化」が行われました。本書は，この特別シンポジウムでの研究発表や議論がベースになっています。

　こうした形で，学会と行政の連携の取組を徐々に進化させ，その成果として本書が取りまとめられるに至ったところですが，今一度，両者の連携の意義について考えてみたいと思います。

　学会では様々な主義・主張を持った研究者の方々が，農業や農政に関する学術研究を勤しんでおられます。経済学や社会学などをベースに，様々な視点から食料や農業に関する問題の解明に取り組み，まさに多様であることが学会全体の強みと言えます。

　一方，行政官は，現場で起きている問題を把握し，その改善のために必要な政策を立案することが求められます。データや情報を収集し，現場で起きている事実（ファクト）を正確に把握・分析をして，それを望ましい方向に

導いていく政策を立案します。

　しかしながら，政策立案は，これは農政に限った話ではありませんが，様々な要因によって影響を受けます。過去の経緯や政治的な要請，財政的な制約などの要因が政策立案に当たり考慮されなければなりません。その結果，ファクトの分析が曖昧になったり，バイアスがかかったりすることがあります。ファクトから導かれる望ましい政策を実行に移せないこともあります。

　こういう時にこそ，両者の連携の意義を見出せるのではないでしょうか。学会は，政策立案に影響を与える要因から一定の距離を置いて，分析・評価を行うことができます。客観的な分析で，政策のあり方を提案することが可能です。学会の考え方は多様ですから，賛否両論，様々な分析や評価で出てくるでしょうが，そうした政策研究を学会で積み重ねていくことで，望ましい政策の実現に資する成果が生まれてくるはずです。

　行政側はこうした学会の動きを抑えるのではなく，むしろもっと積極的に情報を提供して，議論を喚起することが必要だと思います。行政には膨大な情報が集まってきますから，その分析を学会にも担ってもらい，正確にファクトを把握し，分析することが行政側にも有益です。このような形で，学会と行政が連携していくことが今後の政策立案でますます必要になっていくのではないでしょうか。

　本書は，学会と行政の連携を進化させていく過程の一里塚でしかありません。今後も両者がより一層連携を深め，時には緊張感のある議論を活発に行いながら政策の検証を行い，ファクトに基づく政策立案を実現していくことで，日本農業の持続的な発展が図られることを期待しています。

　最後になりますが，本書の出版に大変お忙しい中でもご協力いただいた執筆者と関係者の皆様，そしてそのご家族に心より感謝申し上げます。

　2023年5月

◆執筆者紹介◆

草苅　仁（くさかり ひとし）　編者，はじめに
高崎健康福祉大学農学部教授　農学博士
主要著作：『近代経済学的農業・農村分析の50年』（共著）農林統計協会，2005年
　　　　　『農業問題の経済分析』（共著）日本経済新聞社，1998年

玉　真之介（たま しんのすけ）　編者，序章，第1章，第8章
帝京大学経済学部教授　農学博士
主要著作：『新潟県木崎村小作争議：百年目の真実』北方新社，2023年
　　　　　『日本農業5.0：次の進化は始まっている』筑波書房，2022年

木村崇之（きむら たかゆき）　編者，第8章、あとがき
農林水産省農産局企画課・水田農業対策室長　博士（農学）
主要著作：『日本農業における新たな協業活動の展開に関する経済分析』学位論文，
　　　　　2013年

萩原英樹（はぎわら ひでき）　第2章，第8章
農林水産省大臣官房新事業・食品産業部新事業・食品産業政策課長，高崎健康福
　祉大学客員教授　博士（農学）
主要著作：『農村金融市場に関する新制度派経済学的研究―タイ王国を対象として
　　　　　―』農林統計協会，2013年

下川　哲（しもかわ あきら）　第3章，第8章
早稲田大学政治経済学術院准教授　博士（応用経済学）
主要著作：『食べる経済学』大和書房，2021年

氏家清和（うじいえ きよかず）　第4章，第8章
筑波大学生命環境系准教授 博士（農学）
主 要 著 作：Mameno, K., Kubo, T., Ujiie, K., & Shoji, Y. Flagship species and
　　　　　certification types affect consumer preferences for wildlife-
　　　　　friendly rice labels. Ecological Economics, 204, 107691, 2023
　　　　　「パンデミック下における食料消費行動」『フードシステム研究』第
　　　　　29巻第3号，2022年

関根佳恵（せきね かえ）　第5章，第8章
愛知学院大学経済学部教授　博士（経済学）
主要著作：『13歳からの食と農—家族農業が世界を変える—』かもがわ出版，2020年
　　　　　The Contradictions of Neoliberal Agri-Food: Corporations, Resistance, and Disasters in Japan. West Virginia University Press. Co-authored with Alessandro Bonanno. 2016.

図司直也（ずし なおや）　第6章，第8章
法政大学現代福祉学部教授　博士（農学）
主要著作：『新しい地域をつくる—持続的農村発展論』（共著）岩波書店，2022年
　　　　　『プロセス重視の地方創生—農山村からの展望』（共著）筑波書房，2019年

秋津元輝（あきつ もとき）　第7章，第8章
京都大学大学院農学研究科教授　博士（農学）
主要著作：『小農の復権』（年報村落社会研究55、編著）農山漁村文化協会，2019年
　　　　　『農と食の新しい倫理』（編著）昭和堂，2018年

齋藤勝宏（さいとう かつひろ）　第8章
東京大学大学院農学生命科学研究科教授　博士（農学）
主 要 著 作：Chatura Wijetunga and Katsuhiro Saito. Evaluating the Fertilizer Subsidy Reforms in the Rice Production Sector in Sri Lanka: A Simulation Analysis. Advances in Management and Applied Economics. Vol. 7, no.1. 2017
　　　　　「企業活動の国際分業化とグローバル・バリューチェーン」『フードシステム研究』第22巻第2号，2015年

農業基本法 2.0から3.0へ

食料、農業、農村の多面的価値の実現にむけて

2023年7月11日　第1版第1刷発行

編　者	玉　真之介・草苅　仁・木村　崇之
発行者	鶴見　治彦
発行所	筑波書房
	東京都新宿区神楽坂2－16－5
	〒162－0825
	電話03（3267）8599
	郵便振替00150－3－39715
	http：//www.tsukuba-shobo.co.jp

定価はカバーに示してあります

印刷／製本　平河工業社
©2023 Printed in Japan
ISBN978-4-8119-0654-6 C3061